Swapan Das
Sunipa Roy

Sensores de hidrogénio baseados em nanohíbridos de grafeno e óxido metálico

AF301022

Swapan Das
Sunipa Roy

Sensores de hidrogénio baseados em nanohíbridos de grafeno e óxido metálico

ScienciaScripts

Imprint

Any brand names and product names mentioned in this book are subject to trademark, brand or patent protection and are trademarks or registered trademarks of their respective holders. The use of brand names, product names, common names, trade names, product descriptions etc. even without a particular marking in this work is in no way to be construed to mean that such names may be regarded as unrestricted in respect of trademark and brand protection legislation and could thus be used by anyone.

Cover image: www.ingimage.com

This book is a translation from the original published under ISBN 978-620-7-84229-2.

Publisher:
Sciencia Scripts
is a trademark of
Dodo Books Indian Ocean Ltd. and OmniScriptum S.R.L publishing group

120 High Road, East Finchley, London, N2 9ED, United Kingdom
Str. Armeneasca 28/1, office 1, Chisinau MD-2012, Republic of Moldova, Europe
Printed at: see last page
ISBN: 978-620-7-94269-5

Sensores de hidrogénio baseados em nanohíbridos de grafeno e óxido metálico

Dr. Swapan Das
Professor Assistente
Departamento de Engenharia Eletrónica e de Comunicações
Futuro Instituto de Engenharia e Gestão
Calcutá, Bengala Ocidental
Índia

Dr. Sunipa Roy
Professor Associado e HOD
Departamento de Engenharia Eletrónica e de Comunicações
Instituto de Tecnologia Guru Nanak
Calcutá, Bengala Ocidental
Índia

*Dedicado a
A nossa família e amigos*

Prefácio

Tem havido um interesse crescente no domínio dos óxidos metálicos com grafeno para as suas aplicações eléctricas, ópticas e de deteção devido às suas propriedades materiais versáteis. Esta propriedade material afecta a condutividade eléctrica. A principal razão para esta propriedade é a grande variedade de sítios de superfície e a capacidade dos seus catiões de superfície ocuparem diferentes estados de valência. Os óxidos nanoporosos e os materiais nanocristalinos são cada vez mais importantes na deteção de gases devido à grande relação superfície/volume que aumenta as probabilidades de reação entre o oxigénio adsorvido e os gases alvo.

A plataforma de silício baseada no fabrico de nanohíbridos ZnO NRs-rGO permite desenvolver um sensor nanohíbrido integrado, fabricado através de um processo químico húmido em duas fases. O ZnO foi depositado pelo método de deposição por banho químico e sol-gel e o rGO foi preparado por um método de esfoliação eletroquímica fácil. Assim, é possível obter uma resposta altamente sensível e de magnitude muito elevada à temperatura ambiente, bem como um sistema de sensores miniaturizado e de baixo custo em pastilha utilizando silício.

No presente trabalho, optámos por um novo material, o grafeno. Devido à sua configuração, este material pode formar várias orbitais atómicas hibridizadas. As ligações covalentes no grafeno são mantidas juntas pelo elemento básico carbono. Esta ligação covalente, que é altamente direcional, ajuda o átomo de carbono a adaptar-se a várias estruturas moleculares e cristalinas. O grafeno mono e multicamada, entre outros alótropos, atingiu o marco da era moderna, revelando descobertas científicas e técnicas ilimitadas com aplicações em nanodispositivos, particularmente em aplicações optoelectrónicas e de sensores. A condutividade térmica extremamente elevada deste material ($\sim$5000 W/m-K) e a mobilidade eléctrica ultra elevada ($\sim$200.000 cm^2 /V-s) [2] fazem dele uma alternativa ideal para aplicações rápidas de sensores de gás num futuro próximo. Para ultrapassar este problema, o grafeno e os seus derivados abriram um novo caminho para a próxima geração de sensores de gás. Existem vários métodos que foram adaptados para otimizar os parâmetros de deteção, como a magnitude da resposta, o tempo de resposta e o tempo de recuperação. O óxido de grafeno reduzido é uma boa alternativa devido à sua maior resistividade, à elevada mobilidade herdada e a outras propriedades interessantes.

Escolhemos o óxido de zinco, um semicondutor do grupo II-VI, que é um excelente material semicondutor para sensores de gás, com as vantagens de uma discrepância mínima entre a rede e a plataforma de silício, facilitando assim a compatibilidade de uma tecnologia de fabrico de CI existente para o desenvolvimento de sensores de gás. A deteção, aviso e subsequente monitorização de gases tóxicos (como o CO) e combustíveis (como o H_2 , CH_4) para aplicações domésticas e industriais, utilizando um sensor de gás minúsculo, de baixo custo e de baixa potência, é muito desejável. Os sensores de gás tradicionais de óxido metálico baseados em substrato de alumina estão atualmente limitados por dois factores, a saber: (a) dissipação maciça de energia (0,5-1Watt) e (b) a sua temperatura de funcionamento ($\geq$300° C) é relativamente elevada. A utilização da película fina nanohíbrida ZnO NRs-rGO, que reduz a temperatura de funcionamento devido ao aumento da taxa de reação, pode ser uma solução possível para os problemas acima referidos. O presente trabalho é motivado nessa direção. A tese é composta por seis capítulos.

O capítulo 1 dá uma breve ideia do sensor de semicondutor de óxido metálico e da classificação do sensor de gás baseado em semicondutor de óxido metálico, uma visão geral do sensor de gás baseado em semicondutor de óxido metálico, a evolução do sensor de gás baseado em semicondutor de óxido metálico e as vantagens em relação aos sensores de gás convencionais, diferentes estruturas de sensor como resistivo, sensor de gás baseado em óxido metálico do tipo schottky, homojunção de óxido metálico, sensores de gás baseados em óxido metálico, sensor de gás baseado em heterojunção de óxido metálico. Em seguida, é apresentada uma panorâmica geral do grafeno com as suas propriedades, como as propriedades electrónicas de base, as propriedades mecânicas, as propriedades ópticas, as propriedades de transporte eletrónico, o efeito de Hall quântico anómalo, as propriedades térmicas e as propriedades magnéticas. Também é dada uma breve ideia dos métodos de síntese do grafeno, como a abordagem ascendente (pirólise, crescimento epitaxial do grafeno na superfície do sic, deposição de vapor químico) e a abordagem descendente (redução química, esfoliação mecânica, esfoliação química, esfoliação eletroquímica). Descreve também os derivados do grafeno, como o GO e o rGO, e dá uma breve ideia dos sensores de gás baseados em materiais de carbono, nomeadamente os sensores de gás baseados em nanotubos de carbono (CNT) e os sensores de gás baseados em grafeno e seus derivados. Os sensores de gás baseados em grafeno e seus derivados também foram discutidos. Para o efeito, é apresentada uma breve ideia da modulação FET, da dopagem com nanopartículas e do sensor de gás baseado na formação de nano-redes e, por último, do sensor de gás baseado em estruturas nano-híbridas de grafeno com óxido metálico.

O Capítulo 2 apresenta uma abordagem simples para a produção de nanofolhas de grafeno utilizando hidróxido de tetrametilo e amónio (TMAH) como eletrólito orgânico numa esfoliação eletroquímica assistida por líquido orgânico. Foram criadas nanofolhas de grafeno conformes de grande área com uma espessura de 4,3 nm e um diâmetro médio de folha de 3-4 μm utilizando TMAH. Neste capítulo, foram efectuadas várias caracterizações para verificar a natureza nanodimensional da película fina e algumas falhas nativas. Caracterização estrutural como XRD, confirmando a estrutura cristalina, morfologia como FESEM, TEM, AFM e caraterização ótica como Uv-Vis, FTIR, RAMAN e caraterização eléctrica como método de caraterização por sonda quente, resistência da folha, caraterísticas I-V. A natureza inerente do grafeno multi-camada é confirmada pela análise Raman. Para gerar uma película fina de grafeno, as nanofolhas de grafeno foram embebidas no solvente polar aprótico dimetilformamida (DMF) e revestidas com gotas sobre o substrato Si/SiO_2 . Um processo de recozimento é utilizado para remover qualquer solvente remanescente da película. Foram registadas várias temperaturas de recozimento (50° C a 200° C). A resistência da folha foi testada antes e depois do recozimento, com uma redução significativa após o recozimento. A condutividade das nanofolhas de grafeno geradas foi avaliada utilizando caraterísticas de corrente-tensão.

O Capítulo 3 apresenta um sensor de hidrogénio gasoso altamente sensível à temperatura ambiente baseado numa estrutura nano-híbrida de óxido de grafeno reduzido (rGO) e nanopartículas de óxido de zinco (ZnO NPs). A camada de NPs de ZnO foi criada por deposição química, enquanto que a camada de rGO foi criada por esfoliação eletroquímica com hidróxido de tetrametilo amónio (TMAH) como solvente orgânico, e depois fundida sobre a camada de NPs de ZnO. Foram efectuadas análises morfológicas detalhadas (FESEM) e estruturais (Raman e XPS) para comparar as diferentes propriedades das NPs de ZnO pristinas e da estrutura híbrida NPs de rGO-ZnO. O sensor nanohíbrido rGO-ZnO NPs com um contacto catalítico Pd-Ag (70 %) foi testado em ar sintético à temperatura ambiente para cinco concentrações diferentes de hidrogénio (por exemplo, 100, 500, 1000, 5000 e 10000 ppm). A 100 ppm de H_2 , o sensor mostrou uma magnitude de resposta de 484,1 %, com tempos de resposta e recuperação de 21,04s e 47,09s, respetivamente. Foi também apresentado um estudo comparativo que explica o papel da heterojunção rGO-ZnO em correlação com os resultados experimentais. A física subjacente a esta deteção à temperatura ambiente foi discutida exaustivamente com um diagrama de bandas de apoio.

O Capítulo 4 apresenta um sensor de hidrogénio gasoso à temperatura ambiente baseado na estrutura nano-híbrida de nanobastões de ZnO (NRs) e óxido de grafeno reduzido (rGO) com melhor sensibilidade. Os NRs de ZnO foram criados utilizando uma abordagem de deposição por banho químico, seguida de esfoliação eletroquímica da camada de rGO nesta estrutura nanohíbrida. A hibridização colaborativa destes dois elementos de deteção dissimilares revelou uma resposta muito melhor à temperatura ambiente, que dificilmente poderia ser alcançada pelos elementos individuais. A deteção foi realizada à temperatura ambiente a ~40% RH, com hidrogénio como gás alvo com tempos de resposta e recuperação mais rápidos (17,02 e 27,06 s), que não foram alcançados anteriormente. A física por trás disso é a alta mobilidade de portadores de rGO. O aumento do número de sítios de interação de gás e a disponibilidade de energia de superfície livre proporcionada pelas NRs de ZnO e pelo rGO resultaram numa magnitude de resposta muito elevada (586,93% a 100 ppm). Além disso, foi apresentada uma discussão comparativa do papel das junções ZnO NRs-rGO, que correlaciona os resultados experimentais.

Conteúdo

Capítulo 1

Estado da arte

1.1 Introdução

O hidrogénio é um combustível versátil e benéfico para o ambiente que não emite CO_2 quando queimado, apenas água e calor. Pode ser utilizado para reduzir as emissões de carbono nos sectores da eletricidade, aquecimento, transportes e indústria transformadora. O hidrogénio é um gás perigoso que pode escapar rapidamente através de fugas e até penetrar em objectos sólidos. O H_2 é combustível mesmo em pequenas quantidades quando misturado com ar comum; devido ao oxigénio no ar e à simplicidade e caraterísticas químicas da reação, a ignição pode ocorrer com uma razão volumétrica de hidrogénio para ar tão baixa como 4% [1]. Para minimizar a emissão descontrolada de hidrogénio e as explosões iminentes, todas estas instalações técnicas terão de ser equipadas com sensores de hidrogénio. A este respeito, pode pensar-se que o hidrogénio é mais difícil de gerir do que outros gases potencialmente explosivos, como o gás de petróleo liquefeito (GPL) e o gás natural comprimido (GNC).

Os sensores comerciais de hidrogénio gasoso são, na sua maioria, feitos de semicondutores de óxido metálico e materiais poliméricos, sendo utilizados métodos ópticos, calorimétricos, de cromatografia gasosa e acústicos para a deteção. Estes sensores de gás têm as seguintes limitações: são caros, têm uma sensibilidade pouco comum em ppb, têm baixa seletividade, têm um tempo de vida curto e têm um elevado consumo de energia [2]. Os sensores de gás baseados em nano películas finas, por outro lado, têm tido um enorme impulso devido a capacidades eléctricas, ópticas e térmicas superiores, bem como a uma elevada relação superfície/volume, tempos de resposta e recuperação acessíveis e uma variedade de outras qualidades [3]. Uma vez que é fácil modificar a sensibilidade de diversos materiais de carbono com manipulações químicas simples, provou-se que são valiosos como biossensores químicos e biológicos.

No entanto, para tomar uma decisão informada sobre a utilização de um determinado tipo de nanomaterial em detrimento de outras opções disponíveis, dividimo-los em quatro categorias: nanopartículas de óxido metálico, polímeros, nanotubos de carbono e grafeno, e resumimos as principais vantagens e desvantagens de cada um no contexto da pretensão do sensor de gás no Quadro 1.1.

O grupo de Novoselov [4] foi pioneiro na família de sensores de gás baseados em grafeno, demonstrando que os sensores de grafeno de baixa dimensão podem detetar diferentes moléculas de gás com ligações pendentes pobres na superfície do grafeno. Qualquer alteração nas moléculas adsorvidas pode causar alterações de resistência semelhantes a degraus.

As variações da resistividade induzidas pelo gás tinham diferentes escalas de valor para diferentes gases, e o símbolo da alteração indicava se o gás era realmente um aceitador de electrões (iodo, NO_2, H_2O) ou um dador de electrões (por exemplo, etanol, NH_3, CO). Os sensores de gás baseados em grafeno são atualmente o foco principal dos investigadores neste domínio [5]. A relação entre as folhas de grafeno e os adsorventes pode variar entre ligações de van der Waals fracas e ligações covalentes fortes.

Cada uma destas interações altera a estrutura eletrónica do grafeno, que pode ser identificada com as ferramentas electrónicas adequadas. Hill et al. [6] propuseram que a quantidade de interação entre as moléculas de gás alvo poderia influenciar o limite inferior de uma única molécula, ou seja, uma resposta elevada em diversas fases de gás de baixa densidade [7, 8].

O grafeno intrínseco tem as seguintes desvantagens: (a) não tem um intervalo de banda, (b) não pode ser produzido em volume de massa e (c) não tem os grupos funcionais essenciais para a adsorção de gás/vapor.

O óxido de grafeno reduzido (rGO), um tipo de grafeno obtido através da redução do óxido de grafeno, tem vários grupos funcionais e defeitos. É muito simples de sensibilizar e o intervalo de banda pode ser ajustado. Como membro da família dos sensores de gás, não é inesperado que os investigadores estejam interessados em saber mais sobre o rGO [9-13].

Lu et al., por exemplo, mostraram que, ao empregar uma tensão de porta positiva, o rGO teve uma reação e recuperação muito mais rápidas para a deteção de NH_3 do que ao utilizar um potencial de porta zero/negativo. [9] Muitas investigações descobriram a sensibilidade química ou física do grafeno com vários nanomateriais, a fim de libertar uma diferença de energia considerável no grafeno através do efeito de confinamento quântico [14-17], estabelecendo assim a atitude de deteção de gás do grafeno. Russo et al [11] relataram o desenvolvimento de um sensor de gás hidrogénio à temperatura ambiente feito de rGO, SnO_2 e Pt com tempos de reação e recuperação rápidos.

Paul et al. [18] produziram um sensor baseado numa nanossonda formada por grafeno de grande área produzido por CVD com sensibilidades de NO_2 e NH_3 de 4,32 % /ppm e limites de deteção de 15 e 160 ppb, respetivamente. Os investigadores utilizaram a nova descoberta de que o encarceramento horizontal do grafeno em nanofitas de grafeno (GNR) com menos de 10 nm de largura pode influenciar o intervalo de banda através do confinamento quântico e dos impactos de fronteira [19], e também que o intervalo de banda de uma GNR é oferecido por Eg = 0,8/W, em que W é a largura da fita em nanómetros [20], porque o grafeno cultivado por CVD não tem intervalo de banda.

Foram descobertas estratégias de dopagem, funcionalização, hibridação e outras estratégias de aumento do concerto em sensores baseados em grafeno. Devido à sensibilidade comparativamente elevada da sua resistência eléctrica aos adsorventes, os métodos nanohíbridos de óxidos metálicos também provaram o seu valor como sensores de gás.

As nanoestruturas de óxidos metálicos, como o óxido de zinco (ZnO), o óxido estanoso (SnO_2), o óxido de tungsténio (WO_3), o óxido cuproso (Cu_2 O) e outros, têm sido amplamente estudadas para aplicações de deteção, devido à sua enorme área de superfície específica, flexibilidade mecânica e estabilidade química [21-28]. No entanto, estes sensores não tiveram um bom desempenho devido às elevadas temperaturas de funcionamento, que estão associadas a um elevado consumo de energia e, consequentemente, têm um impacto na estabilidade a longo prazo. Além disso, as elevadas temperaturas de funcionamento podem provocar qualquer tipo de explosão lateral de outros elementos.

A fusão do grafeno com óxidos metálicos para criar as chamadas nanoestruturas híbridas é extremamente fiável, uma vez que estas não só exibem as caraterísticas únicas do grafeno, como também apresentam um comportamento sinérgico adicional que é muito promissor em aplicações de deteção de gases. Quando o grafeno é combinado com óxidos metálicos, a sua elevada área de superfície pode ter benefícios sinérgicos na obtenção de uma boa resposta aos gases à temperatura ambiente, nomeadamente em termos de sensibilidade e seletividade. Apesar do seu desempenho ambipolar e quase equilibrado nas regiões de dopagem de electrões e buracos, o grafeno e o rGO demonstram capacidades de condução dominantes nas regiões de dopagem de electrões e buracos devido às moléculas de água e oxigénio adsorvidas. A junção p-n é feita através da sensibilização de camadas de grafeno com apenas um óxido metálico do tipo n, e tem um desempenho superior a qualquer material numa variedade de formas.

Os investigadores estão atualmente a investigar híbridos de grafeno incrustado com óxido metálico (rGO) para sensores de gás extremamente sensíveis, selectivos e de baixo custo que podem funcionar à temperatura ambiente [29-35]. Tendo em conta o que precede, apresentamos uma panorâmica das descobertas e avanços mais recentes na utilização de nanohíbridos de grafeno e óxido metálico como sensores de gases perigosos para aplicações de segurança ambiental. Este material centrar-se-á nos princípios fundamentais de funcionamento dos sensores de gás baseados no grafeno, acompanhados de híbridos típicos de grafeno e óxidos metálicos semicondutores no contexto dos sensores de gás. A tese termina sublinhando o potencial dos sensores híbridos de grafeno e óxido metálico, seguido de uma análise pormenorizada das posições futuras do nano-híbrido.

Quadro 1.1 Vantagens e desvantagens de vários nanomateriais comuns como sensores de gás:

Nanomateriais	Vantagens	Desvantagens
Óxidos metálicos Semicondutores	Tempos de resposta reduzidos e excelente sensibilidade, bem como uma elevada relação superfície/volume. Baixo preço, Gases de interesse: uma vasta gama	São necessários tratamentos posteriores, como o recozimento, para as nanoestruturas. A temperatura de funcionamento é elevada, consome muita energia e não pode ser utilizada para detetar gases explosivos.
Polímero	Tempos de resposta reduzidos e elevada sensibilidade, baixo custo, estrutura portátil	Fraca seletividade, irreversibilidade e instabilidade durante muito tempo
Nanotubos de carbono (CNT)	Alta sensibilidade, alta adsorção, alta área de superfície, baixos tempos de resposta e recuperação, boa reversibilidade e estabilidade.	Deteção de descarga parcial, são necessários processos de purificação adicionais, os CNT são relativamente caros
Grafeno	Num único material estão combinadas muitas caraterísticas notáveis; a estrutura 2-D mecanicamente flexível do grafeno é compatível com as tecnologias de processamento de plaina existentes utilizadas no sector da eletrónica. A área de superfície (teoricamente 2630 m2/g) é grande. À	A reprodutibilidade continua a ser um problema nas películas finas de alta qualidade. No grafeno de duas ou três camadas, é difícil manter a espessura uniforme. A resistência da folha de uma camada com uma espessura de dezenas ou centenas de nanómetros é muito elevada.

	temperatura ambiente, a condutividade balística e a elevada mobilidade dos electrões.	

1.2 Classificação do sensor de gás baseado em semicondutores de óxido metálico

É difícil categorizar os sensores porque funcionam com base em princípios diferentes. Podem ser de transdução (resistivos, capacitivos, etc.), de medição de parâmetros (pressão, temperatura, tensão, etc.) e de material (óxido semicondutor, PZT, etc.); de tecnologia (película fina/espessa, MEMS, etc.) e de aplicação (aeroespacial, automóvel); de propriedades (aeroespacial, automóvel) (piezoeléctricas, magnéticas, ópticas, etc.). Segue-se uma classificação baseada na premissa de trabalho para a nossa área de interesse:

1.2.1 Sensor de gás baseado em óxido metálico de tipo resistivo

Este sensor calcula a resistência entre ambos os terminais de contacto utilizando a superfície superior da camada de deteção (óxido metálico) que foi depositada num material isolante como o vidro, o alumínio ou o SiO_2 . As alterações na condutividade eletrónica produzidas pelo transporte de cargas apenas na superfície e nos limites dos grãos, ao longo da adsorção química e das actividades catalíticas, criam grandes flutuações na saída do sensor, que são reveladas pela temperatura óptima do sensor. As vantagens deste tipo de sensor são o facto de ser simples de fabricar e de poder efetuar uma operação de medição direta.

1.2.2 Sensor de gás de base de óxido metálico do tipo Schottky

Quando dois elementos têm funções de trabalho diferentes, é gerada uma estrutura de dispositivo de natureza Schottky. Este tipo de estrutura Schottky pode ser gerado quando um metal com uma função de trabalho maior é despejado sobre um óxido de metal semicondutor, o que é especialmente importante em sensores. A principal vantagem desta construção em relação a um sensor resistivo é que as propriedades funcionais, como a magnitude e o tempo de resposta, são melhoradas. Descobriu-se que muitos metais nobres catalíticos (como o Rh, a Pt e o Pd) [36] criam junções Schottky com óxidos metálicos semicondutores, o que permite a ação catalítica e também a acumulação de portadores [37].

As moléculas que retêm hidrogénio sofrem quimissorção na presença de gases redutores, como CH_4, H_2, e outros, resultando na dissociação num elétrodo metálico e na formação de hidrogénio atómico. A função de trabalho do metal catalítico é reduzida à medida que o hidrogénio atómico se difunde no contacto metal/óxido de metal. Como resultado da diminuição da função de trabalho do metal, a barreira de energia Schottky é reduzida. Para medir esta alteração, podem ser utilizados os modos I-V, C-V ou outros modos eléctricos [38, 39].

Um tipo de construção de dispositivo de junção Schottky é a estrutura MIM (Metal-Insulador-Metal), que tem barreiras duplas geradas por dois metais distintos em cada lado da camada de óxido de metal semicondutor [40]. A vantagem destes dispositivos é que a barreira total ao fluxo de portadores livres é maior. Consequentemente, a condutividade eléctrica diminui no ar e a diferença de corrente entre a presença e a ausência de gás é grande, fazendo com que a magnitude da resposta aumente e o tempo de resposta diminua em comparação com a estrutura plana devido ao transporte vertical de portadores livres através das juntas metal-semicondutor. O tempo de recuperação é igualmente curto.

1.2.3 Sensor de gás de homojunção de óxido metálico

Os semicondutores de óxidos metálicos são semicondutores de tipo n num sentido lato, o que é absolutamente inesperado. Alguns óxidos metálicos encontrados na natureza, como o CuO e o NiO, são do tipo p, embora haja excepções. O ZnO também demonstrou condutividade do tipo p em algumas circunstâncias [41].

O ZnO foi assim utilizado para demonstrar a descoberta da homojunção p-n de óxido metálico semicondutor [42]. Hazra et al. demonstraram que estas homojunções p-n de ZnO são sensíveis ao H_2. Na atmosfera de gás redutor, a corrente de polarização direta da junção p-n move-se visivelmente [43].

1.2.4 Sensor de gás de heterojunção de óxido metálico

A construção de um novo tipo de sensor de gás foi possível graças a uma ligação constituída por dois óxidos metálicos distintos com diferentes intervalos de banda. O material de deteção de heterojunção ZnO/CuO (semicondutor tipo n/tipo p) é amplamente utilizado para sensores de gás CO. Hu et al. demonstraram que este material tem uma sensibilidade única ao $H_2 S$ e ao álcool [44].

Descobriu-se que um sensor de gás de heterojunção supera um sensor de homojunção porque o impacto da recombinação é menor devido à energia do intervalo de banda inferior da heterojunção. Para detetar NO_2 e CO_2 , foi utilizada uma heterojunção constituída por ZnO do tipo n e um compósito do tipo p constituído por BaTiO /CuO/La O_{323} [45]. A resistência ao NO_2 foi melhorada, mas a resistência ao CO_2 diminuiu ligeiramente. A heterojunção óxidos metálicos/Si baseada em silício tem sido amplamente investigada [46]. Os sensores de NO_2 baseados na heterojunção SnO /WO_{23} foram recentemente divulgados por Ling e Leach [47].

1.2.5 Sensores de gás de óxido metálico misto

Os óxidos metálicos mistos são um material recentemente descoberto que demonstrou o seu potencial para expor gases de uma forma informal. Os óxidos mistos alteram a estrutura eléctrica do sistema, que é a modificação básica da heterojunção. As áreas de superfície, bem como as caraterísticas globais, tais como a montagem eletrónica, o intervalo de banda, a localização do nível de Fermi, os parâmetros de transporte, etc., sofreram alterações. Os novos limites de grão de vários compostos químicos fizeram com que se descobrisse a nova caraterística da superfície. Existem três tipos diferentes de sistemas de óxidos mistos. O primeiro grupo inclui compostos químicos que são únicos uns dos outros, como o ZnO-SnO [48]. Os óxidos mistos que formam soluções sólidas pertencem ao segundo tipo, de que são exemplo as soluções sólidas de TiO_2 -SnO_2 [49]. O terceiro grupo de semicondutores como sensores de gás inclui os que não são nem compostos nem soluções sólidas, como o TiO_2 -WO_3 [50].

1.3 Descrição geral do sensor de gás semicondutor de óxido metálico

Os sensores de gás são essenciais em situações potencialmente perigosas (como minas), aplicações militares, aplicações biomédicas e uma vasta gama de outras utilizações. Como resistência sensível ao gás, foi demonstrado com êxito um sensor de gás de óxido metálico semicondutor. Entre todos os outros sensores, o material semicondutor com uma elevada relação superfície/volume é o elemento de deteção mais adequado, que é geralmente colocado entre dois eléctrodos metálicos num substrato de isolamento aquecido. Na superfície do semicondutor, podem ocorrer processos que alteram a densidade de portadores de carga disponíveis, tais como interações gás-sólido que resultam na adaptação da densidade de electrões/buracos por adsorção física e quimisorção numa região fina perto da superfície. A difusão em massa de defeitos determina a resposta do sensor em vários óxidos metálicos semicondutores, como o dióxido de titânio [51]. Como resultado, a condutância do dispositivo flutua ao longo do tempo à medida que a composição atmosférica se altera. Os óxidos metálicos semicondutores, em vez de um semicondutor fundamental, são utilizados como material de deteção.

Como semicondutor, mantém-se [16%] da energia de banda larga. Estes óxidos metálicos são a base das tecnologias actuais porque a sua estrutura e geomorfologia podem ser controladas com precisão, tornando-os óxidos funcionais. Os catiões com diversos estados de valência e os aniões com deficiências são os dois traços organizacionais fundamentais. As numerosas qualidades (químicas, electrónicas, etc.) podem ser variadas através da modificação de qualquer um destes traços, com a possibilidade de criar dispositivos inteligentes. Os óxidos funcionais apresentam-se numa variedade de formas e tamanhos, com infinitas novas aplicações e especialidades. Os óxidos têm propriedades tão únicas que constituem uma das famílias de materiais mais diversificadas da física, incluindo os semicondutores, a supercondutividade, a ferroeletricidade e o magnetismo [51]. Vários aspectos influenciam a eficácia dos sensores de gás baseados em óxidos semicondutores, nomeadamente

> ➤ Função de recetor, função de transdutor e utilidade. A capacidade da superfície do óxido para interagir com o gás-alvo é detectada pela função recetora. Esta reação num dispositivo à base de óxido é causada pelas caraterísticas químicas do oxigénio da superfície dos óxidos [51].

> ➤ À medida que a energia de ativação da molécula aumenta, a temperatura óptima de funcionamento aumenta, aumentando a sensibilidade. No entanto, o aumento da temperatura para além da quantidade óptima provoca a dispersão de fões ou a vibração da rede, o que resulta num fraco desempenho.

> As capacidades catalíticas da superfície, ou seja, se a superfície for modificada por metais nobres (Pd, Pt, etc.), óxidos ácidos ou básicos, a função de transdução aumenta [52].

> Propriedades eléctricas e microestrutura do óxido a granel

O gás redutor aumenta a condução nas camadas de deteção do tipo N, enquanto o gás redutor diminui a condução nas camadas de deteção do tipo P. Quando são introduzidos gases minoritários num ambiente de ar, vários óxidos binários com intervalos de banda de 2-4 eV, como o TiO_2 , o $Nb\,O_{25}$, o $Ta\,O_{25}$, o ZnO, o SnO_2 , o MoO_3 e o WO_3 , apresentam um comportamento de tipo n. Outros óxidos binários com propriedades de deteção de gás do tipo p incluem $Mn\,O_{34}$, NiO, $Cr\,O_{23}$, CuO, e $CO\,O_{34}$.

Uma vez que as propriedades de deteção de gás estão ligadas à superfície do material, onde os gases são adsorvidos e ocorrem reacções de superfície, a película fina de ZnO é a melhor escolha para aplicações de sensores de gás [53-57]. Devido à sua elevada relação superfície/volume, as películas finas nanoestruturadas estão atualmente a atrair muita atenção dos cientistas. A evaporação sob vácuo, a pulverização catódica, a deposição por laser pulsado, o método sol-gel, a deposição química de vapor, a pirólise por pulverização e outros processos de deposição têm sido utilizados para criar películas finas de ZnO.

1.3.1 Sensor de gás à base de óxido de zinco (ZnO)

Segundo Yamazoe, "um sensor de gás tem duas funções essenciais básicas: funções de recetor e funções de transdutor" [58]. Os componentes químicos são aceites pela função recetora, o que é principalmente atribuído à seletividade e sensibilidade do sensor de gás, enquanto o sinal químico é traduzido em sinais eléctricos pela função transdutora.

Esta secção aborda o comportamento mecânico do ZnO que favorece o recetor, que desempenha um papel fundamental na deteção de gases. A wurtzite hexagonal e a blenda cúbica de zinco são duas formas estruturais e morfologias de ZnO que evoluíram em diferentes condições de crescimento.

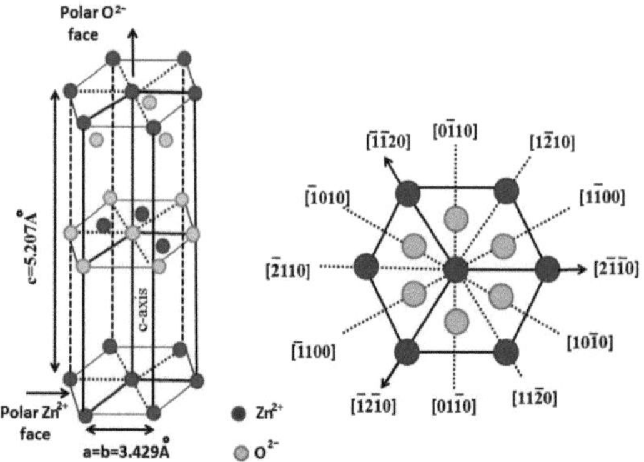

Fig. 1.1 (a) Célula unitária de ZnO com estrutura wurtzite (b) Vários planos cristalinos da estrutura wurtzite do ZnO

"Com duas sub-rede hexagonais ligadas e empilhadas na rede hexagonal de Zn^{2+} , os limites da constante de rede da wurtzite ZnO são a = 3,249 Å e c = 5,207Å (ver Fig. 1.1)" [59]. Ao utilizar os electrões como portadores, o ZnO é um semicondutor do tipo n. A adsorção de oxigénio molecular e atómico na superfície das nanopartículas de ZnO resulta numa camada de carga espacial depletada de electrões [60]. A carga superficial, a espessura da camada de carga superficial e a altura da barreira de potencial superficial são todas controladas pelo oxigénio molecular e atómico adsorvido [60-62]. Estas variáveis afectam certamente a sensibilidade e a seletividade dos sensores de gás baseados em ZnO. A metalização da superfície gerada pela simples hidroxilação do ZnO pode perturbar a resposta de condutividade dessas amostras. A investigação das propriedades da superfície de superfícies polares revela que as diferenças nas propriedades químicas das duas superfícies polares influenciam a quimisorção de moléculas, que desempenha um papel importante na deteção de gases.

Han et al. [63] observaram que o resultado da deteção de gás do ZnO é influenciado pelos seus danos cristalinos. Uma vez que a extensão das vacâncias de oxigénio no ZnO é maior, o resultado da deteção de gás é melhor [64]. Além disso, o tamanho e a forma do ZnO têm um impacto no seu desempenho de deteção de gás [65].

A função do transdutor é determinada pelas interações entre as nanopartículas de ZnO e o gás analítico. Existem dois tipos de interações: as interações entre os limites dos grãos e as interações no pescoço.

O transporte de electrões ocorre para cada limite através da barreira de potencial de superfície, na medida em que as interações grão-limite são medidas. Quando a altura da barreira é ajustada, a resistência (eléctrica) do material sensor também se altera [66]. No entanto, a resistência e a reação do gás não são afectadas pelo tamanho das partículas (Fig. 1.2a).

O eletrão é transferido através de canais gerados em cada pescoço, camada de carga espacial, em contactos de pescoço. Qualquer mudança na largura do canal altera a resistência do material, portanto, se o tamanho do pescoço mudar, a largura do canal também muda [67, 68] (Fig. 1.2b). A camada de deteção é desprovida de portadores de carga móveis quando o tamanho das partículas é pequeno, e a área da camada de carga espacial tem precedência.

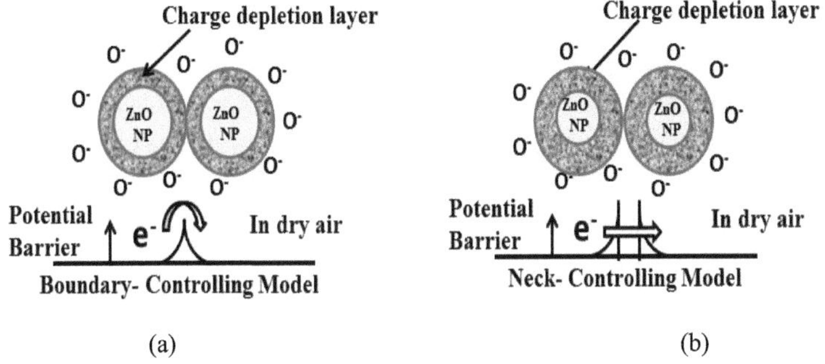

Fig. 1.2 (a) Modelo de controlo das interações grão-limite (b) Modelo de controlo das interações do colo

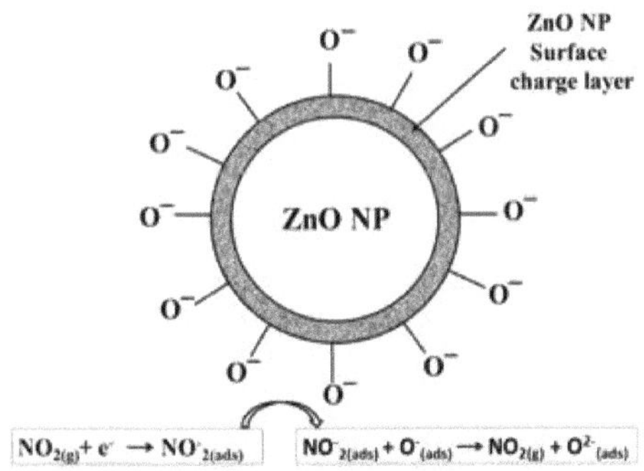

Fig. 1.3 Esquema das funções do recetor do sensor de gás à base de ZnO

Ao longo das partículas acopladas, podem ser observadas bandas de energia planas. Como resultado, o fluxo de carga intercristalino não foi impedido de forma alguma. Independentemente disso, a alta temperatura transforma as nanopartículas de ZnO em camadas porosas em qualquer substrato após a acreção, aumentando constantemente o tamanho do grão. A remoção do gás NO_2 adsorvido no exterior das nanopartículas de ZnO, através da transferência de electrões da banda de condução (Fig. 1.3), prolonga a camada depletada de electrões, como se mostra na Fig. 1.2. À medida que o número de barreiras possíveis aumenta, a resistência da camada de ZnO aumenta. Esta é a base da teoria dos sensores de gás. Para concentrações de gás NO_2 que variam entre 400 ppb e 11 ppm, Wang et al. mostraram "actividades semicondutoras do tipo p para NTs de ZnO a temperaturas relativamente baixas de 30-50°C, que mudam para uma resposta do tipo n a temperaturas de trabalho elevadas" [69].

1.3.2 Méritos e deméritos do óxido de zinco

Os sensores fabricados com óxido de zinco (ZnO) têm merecido muita atenção em todo o mundo. É um dos materiais mais notáveis para a formação de sensores de baixo custo porque tem uma boa taxa de reação a venenos químicos com uma seletividade e sensibilidade exactas [70]. A mobilidade dos electrões nos nanomateriais de ZnO é melhorada, uma vez que se trata de um semicondutor do tipo n com um grande intervalo de banda de 3,37 eV e uma energia de ligação significativa de 60 meV. As nanopartículas de ZnO estão entre as opções possíveis para a investigação de sensores orgânicos e bióticos eficazes, porque têm uma elevada reação fotoeléctrica e uma boa estabilidade química e térmica [71]. A não regularidade e a fissuração das películas podem ter um impacto na repetibilidade do fabrico dos lotes. No que respeita ao desempenho dos sensores, o ZnO é função da temperatura de trabalho. Esta temperatura de trabalho elevada favorece um maior consumo de energia, ao mesmo tempo que impõe várias limitações ao desempenho, como a fraca seletividade. A camada de depleção que se forma em torno dos limites dos grãos de ZnO interfere com a transmissão de electrões, diminuindo a capacidade de resposta do sensor e reduzindo a sua estabilidade.

1.4 Visão geral do grafeno

1.4.1 A história do grafeno

"O grafeno foi sintetizado pela primeira vez como uma folha 2D com uma excelente estrutura em favo de mel de átomos de carbono simples que foi formada pela primeira vez por embolismo de grafite" em 1986 [72]. O carbono tem uma configuração eléctrica única que lhe permite gerar uma variedade de orbitais atómicos hibridizados, e tem sido alvo de investigação nos últimos anos.

As ligações covalentes formam-se entre átomos de carbono em sólidos elementares (como o diamante e a grafite). O átomo de carbono pode adaptar-se a diversas configurações moleculares e cristalinas devido a esta ligação covalente altamente direcionada. As propriedades químicas e físicas dos alótropos de carbono são finalmente estabelecidas em resultado deste facto [73]. Os dispositivos baseados em nanotubos de carbono também se revelaram promissores numa variedade de domínios electrónicos. No entanto, apresenta desvantagens significativas, nomeadamente a estrutura 1D dos CNT, que os torna inadequados para utilização nos actuais dispositivos electrónicos, uma vez que a produção sobre os CNT se torna mais difícil. O grafeno [74], por outro lado, tem uma estrutura bidimensional de carbono com um átomo de espessura. A camada seguinte é mais fácil de produzir sobre o grafeno.

Segue-se uma descrição de um estudo recente sobre o grafeno:

"O grafeno é uma estrutura em favo de mel bidimensional (2D) de átomos de carbono que serve de bloco de construção para todos os compostos grafíticos. Pode ser dobrado em grafite tridimensional, fulerenos unidimensionais ou fulerenos de dimensão zero [75]". A Fig. 1.4 mostra vários alótropos de carbono.

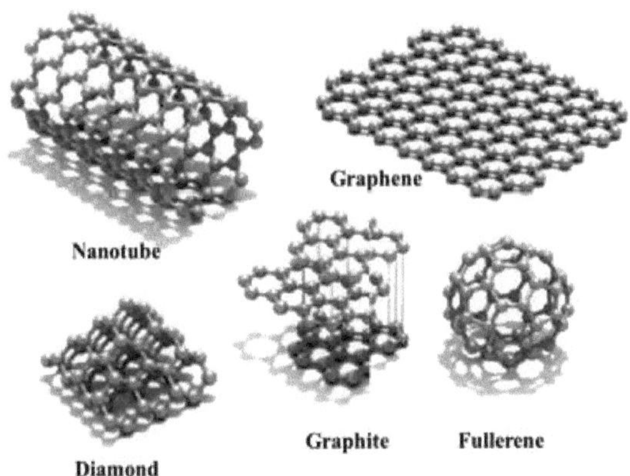

Fig. 1.4 Diferentes alótropos de carbono

Como os electrões no interior da camada de grafeno não estão bloqueados, agem como se não tivessem massa e viajam a milhares de quilómetros por segundo. Os átomos de carbono podem formar muitos tipos diferentes de ligações devido à sua estrutura eléctrica única e, por isso, podem ser encontrados em muitas formas diferentes na natureza. 1s 2s $2p^{22}{}_x{}^1{}_y{}^1$ 2pé a distribuição dos quatro electrões de valência do átomo de carbono.

Como as orbitais 2s e 2p estão muito próximas, um eletrão da orbital 2s foi empurrado para a orbital 2p vaga, resultando em quatro electrões desemparelhados.

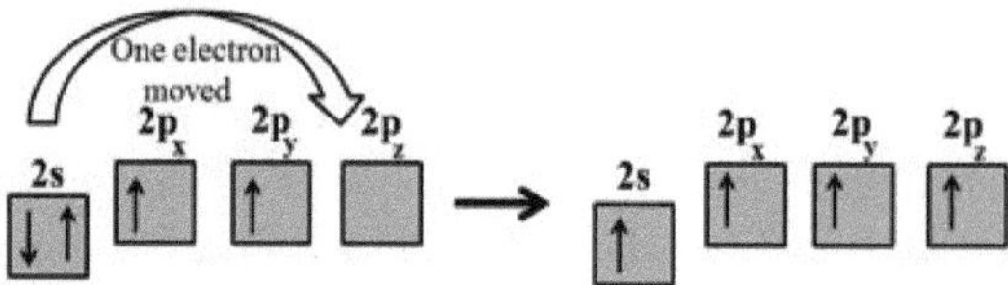

Fig. 1.5 Distribuições de electrões na hibridação sp2

Esta é uma ocorrência popular porque faz com que as quatro orbitais fiquem meio preenchidas, permitindo a formação de ligações covalentes fortes e diminuindo a energia de excitação global necessária para iniciar uma reação. A Figura 1.5 mostra a distribuição de electrões na hibridação sp^2 . As orbitais de valência podem ser hibridizadas de três formas diferentes. A primeira é a hibridização sp, seguida pela hibridização sp^2 e, finalmente, pela hibridização sp^3 , como mostra a Fig. 1.6. Uma orbital 2s e uma das orbitais 2p fundem-se na hibridação sp para formar duas orbitais sp, o que resulta em duas ligações covalentes sigma (σ) simétricas com um ângulo de ligação de 180°.

As ligações Pi (Π) são formadas pelos dois electrões restantes nas orbitais $2p_y$ e $2p_z$, que são perpendiculares às ligações. Os orbitais de dois carbonos hibridizados sp formam uma ligação tripla em torno da ligação quando estão suficientemente próximos. Este é um tipo de hidrocarboneto encontrado na família dos alquinos. De seguida, todas as quatro orbitais podem unir-se na hibridação sp^3 para gerar quatro novas ligações sigma (σ) simétricas. Isto produz uma estrutura tetraédrica com um ângulo de ligação de apenas 109,5°. Como cada eletrão de valência está firmemente ligado dentro da estrutura, todos os electrões estão isolados num átomo, tornando a estrutura eletricamente isolante.

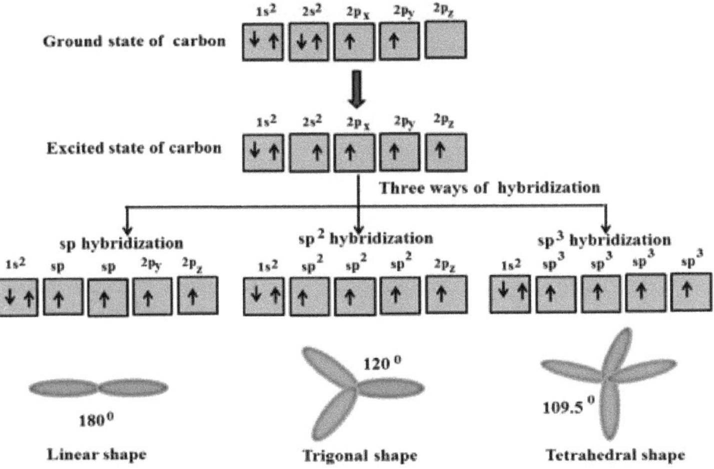

Fig. 1.6 Esquema de diferentes hibridações

O nível de energia do estado de anti-ligação* é tão elevado que os electrões nunca o atingem depois de serem estimulados. O diamante tem um padrão de hibridação sp^3 .

Utilizando a espessura da camada, calcule uma condutividade global de $0,96 \times 10^6$ Ω^{-1} cm^{-1} para o grafeno, que é ligeiramente superior à condutividade do cobre ($0,60 \times 10^6$ Ω^{-1} cm^{-1}). À temperatura ambiente, o cobre tem uma condutividade térmica de 401 W/m/K. O grafeno tem uma condutividade térmica de 5000 W/m/K, que é dez vezes superior à do cobre. Prevê-se que o ponto de fusão do grafeno atinja cerca de 6560° F, o que o torna um dos mais elevados de qualquer material. Ainda não foi determinado um ponto de ebulição.

1.4.2 Propriedades do grafeno

No grafeno, a hibridação sp^2 ocorre entre um orbital s e dois orbitais p no plano. Cada átomo de carbono no grafeno está rodeado por três outros átomos de carbono, gerando três ligações no plano por átomo, resultando num perfil trigonal para a orbital hibridizada. Como estas ligações são muito mais fortes do que a ligação pi, o grafeno tem uma estrutura hexagonal indestrutível.

A última orbital p transversal cria ligações pi acima e abaixo de cada camada atómica, sobrepondo-se aos átomos de carbono vizinhos.

Uma vez que os -electrões estão fortemente ligados ao átomo, não são responsáveis pelo fenómeno de condução; no entanto, as bandas de valência e de condução das orbitais Π e Π* tornam-se bandas de valência e de condução em enormes folhas, resultando em fenómenos de condução planar.

Como se pode ver na Figura 1.7, a estrutura hexagonal do carbono pode ser dividida em subestruturas trigonais idênticas. Três átomos do subnível B estão ligados a um átomo do subnível an e vice-versa. A camada de grafeno em poltrona ou em ziguezague é determinada pela disposição dos átomos de carbono nas extremidades da camada de grafeno. O padrão em ziguezague aumenta a propriedade metálica de uma substância, enquanto o padrão em poltrona contribui para o seu comportamento semicondutor.

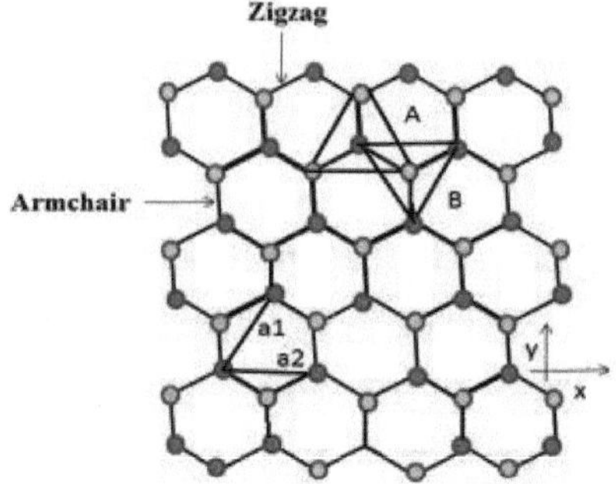

Fig. 1.7 A rede do grafeno hexagonal mostra que as arestas em poltrona e em ziguezague são constituídas por duas sub redes semelhantes A e B.

1.4.2.1 Propriedades electrónicas básicas do grafeno

Uma vez que o grafeno se distingue de outros materiais 3D, o seu atributo elétrico pode ser espelhado na sua estrutura eletrónica. Os electrões produzem um campo magnético operacional proporcional ao seu momento quando saltam entre sub-rede.

Nos pontos de Dirac (ilustrados na Fig. 1.8), quando as bandas de condução e de valência criam vales curvos e afunilados que se encontram como o hexágono na zona de Brillouin (ilustrado na Fig. 1.9), o campo dependente do momento desaparece, tornando o grafeno um material com um intervalo zero nessas direcções. Dependendo da definição do vetor momento, a massa efectiva (m) de um eletrão é a segunda derivada da energia em relação ao vetor momento do eletrão [76].

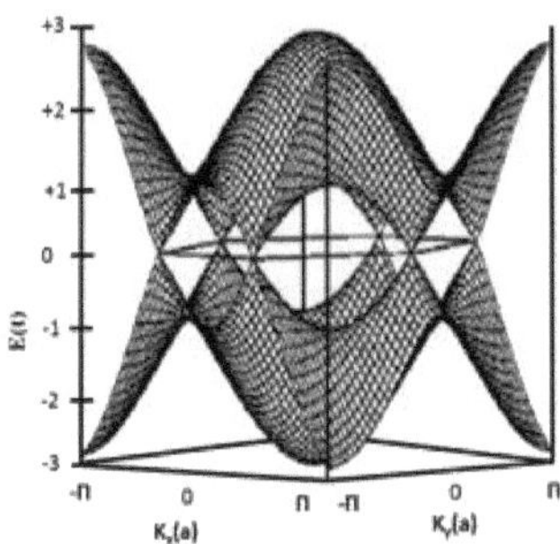

Fig. 1.8 Espectros de energia das bandas de energia próximas dos pontos de Dirac

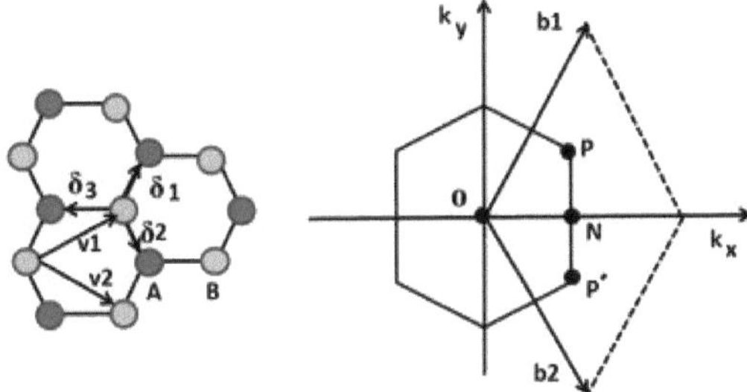

Fig. 1.9 (a) Estrutura em forma de favo de mel do grafeno (b) Zona de Brillouin correspondente

Como a segunda derivada de qualquer função linear é zero, os electrões no grafeno não têm massa possível na região dos pontos de Dirac. O grafeno é um material de gap zero no qual os electrões sem massa fluem a uma velocidade constante ao longo das direcções da rede com grande simetria [77-79]. A massa efectiva do eletrão, por outro lado, é uma medida da forma como os electrões se movem num determinado campo. Na sua aproximação ao nível de Fermi, o nível de Fermi viaja através dos pontos K ou de Dirac. No bordo do grafeno/óxido, a localização exacta do ponto de Dirac e do nível de Fermi ainda não foi determinada. "Xu et al. utilizaram a foto-espetroscopia para determinar o ponto de Dirac, o nível de Fermi e a função de trabalho do grafeno de camada única (SLG)" [80]. [O nível de Fermi está localizado nos pontos convergentes destes cones numa folha de grafeno puro. A energia externa afecta o local do nível de Fermi, que se torna n-dopado (com electrões) ou p-dopado (sem electrões), dependendo se é n-dopado (com electrões) ou p-dopado (sem electrões) (com buracos). A dopagem pode ser efectuada de três formas

23

diferentes. O passo inicial é a dopagem com heteroátomos, que inclui descarga por arco, deposição química de vapor (CVD) e reação electrotérmica; o segundo passo é o ajuste químico; e o terceiro passo é a regulação eletrostática do campo. O grafeno dopado tem uma elevada condutividade eléctrica, possivelmente superior à do cobre.

1.4.2.2   Propriedades mecânicas do grafeno

A resistência do grafeno é mais de 100 vezes superior à de uma película de aço, pelo que é um dos materiais mais resistentes. As propriedades mecânicas da grafite devem ser estimadas, uma vez que podem diferir do que se conhece sobre a grafite. No grafeno, o comprimento da ligação carbono-carbono é de 0,142 nm. Podemos medir com precisão as dimensões da folha de grafeno, como o comprimento, a largura e a espessura, bem como a constante de mola e outras propriedades, utilizando a microscopia de força atómica (AFM). As forças de Van der Waals são as principais responsáveis pela ligação firme dos átomos de carbono para formar uma folha de grafeno, que foi sondada com uma ponta AFM para avaliar as suas propriedades mecânicas. Uma folha de grafeno monocamada tem uma constante de mola de 1-5 N/m e um módulo de Young de 1,0 TPa para uma folha de grafeno perfeita, que pode variar até 0,5 TPa com algum defeito intersticial. Os investigadores utilizaram modelação matemática e simulações numéricas para estudar as caraterísticas mecânicas do grafeno monocamada [81-83]. O módulo de Young de uma folha de grafite suspensa com nanómetros de espessura foi investigado utilizando AFM numa tira de grafeno suspensa [84]. As medições força-volume em AFM foram também utilizadas para investigar membranas circulares de grafeno de poucas camadas (FLG) [85]. A AFM foi recentemente utilizada para investigar a resistência à fratura do grafeno de monocamada única. 130 GPa [86] é a resistência à fratura.

1.4.2.3   Propriedades ópticas do grafeno

Quando a grafite preta é removida para revelar uma monocamada de grafeno, esta torna-se extremamente transparente. Na gama ultravioleta (UV), os electrões absorvem a luz, mas não na região visível. A olho nu, o grafeno puro em monocamada parece translúcido. Como absorve cerca de 2,3% da luz branca, este cristal de um átomo de espessura pode ser visto a olho nu.

Bae et al. [87] utilizaram uma fórmula numérica para provar que a absorção de luz está relacionada com o número de camadas. O valor de absorção de cada camada é de 2,3 %. Ao utilizar a energia do "band gap", o grafeno pode também tornar-se fotoluminescente. No grafeno, existem duas formas de participar na propriedade fotoluminescente: um método envolve a moldagem do grafeno em nanofitas e pontos quânticos, enquanto outro método envolve o tratamento químico com vários gases para melhorar a ligação dos electrões orbitais.

Gokus et al. [88], por exemplo, utilizaram o tratamento com plasma de oxigénio para dar ao grafeno uma caraterística luminosa. Este tratamento afecta simplesmente a camada superior de modo a criar estruturas híbridas, deixando as camadas de semente inalteradas.

Todas estas caraterísticas, tais como a boa condutividade da folha, a transparência ótica, a estabilidade química e mecânica, sugerem que o grafeno pode ser utilizado como elétrodo transparente para células solares ou cristais líquidos, bem como como material de elétrodo flexível transparente capaz de ser processado.

1.4.2.4 Propriedades de transporte eletrónico sob campos externos

"À temperatura ambiente, o grafeno monocamada suspenso tem uma mobilidade de electrões muito elevada, que se estima ser de 20.000 cm^2 /V/s" [89-91]. A mobilidade dos electrões e dos buracos é essencialmente idêntica, tal como estabelecido por Stander et al. [92]. Na gama de temperaturas de 10 a 100 K, a mobilidade é auto-regulável, o que implica que a dispersão de defeitos é o modo de dispersão dominante. A mobilidade do portador é proporcional ao tempo de relaxamento do portador, mas não à massa real do portador. A mobilidade dos electrões é normalmente superior à mobilidade dos buracos porque a massa efectiva dos electrões é inferior à massa efectiva dos buracos. Como a magnitude das durações de relaxação dos electrões e dos buracos é semelhante, não se transformam. Os electrões e os buracos têm menos experiência de colisão com defeitos do cristal, impurezas e outros materiais. A dispersão de portadores de carga (isto é, electrões e buracos) em imperfeições de um cristal pode diminuir o caminho livre médio e o tempo de dispersão flexível, ambos controlando a mobilidade; como resultado, a mobilidade é reduzida. A uma densidade de portadores de 10^{12} cm^{-2} , a mobilidade dos portadores do grafeno é de 200 000 cm^2 /V/s à temperatura ambiente.

A resistividade de uma folha de grafeno é de 10^{-6} Ω-cm, ou seja, inferior à da prata, a famosa substância com a resistividade mais baixa à temperatura ambiente.

Schedin et al. observaram que o aquecimento gradual da folha de grafeno no vácuo pode melhorar a montagem inicial de grafeno puro de grafeno dopado com várias espécies (alguns dadores, aceitadores), tendo também verificado que quando as concentrações de dopantes químicos excedem 10^{12} cm^{-2}, não há alteração na mobilidade dos portadores [93].

A condutividade mínima do grafeno, que é de cerca de $4e^2$ /h independentemente da tensão aplicada, é um facto observável, em que e é a carga do eletrão e h é a constante de Planck. Segundo Geim e MacDonald, a condutividade mínima do grafeno é um acontecimento verdadeiramente inesperado.

Os pontos de Dirac indicam uma concentração quase nula de portadores nesse local, o que significa que a condutividade também é insignificante. No entanto, devido à peculiaridade dos electrões do grafeno, isso não acontece. Em vez de se comportar como uma partícula, comporta-se como uma onda.

1.4.2.5　Efeito Hall Quântico Anómalo

Na presença de um campo magnético transversal, uma corrente eléctrica que percorre um condutor metálico retangular produz uma diferença de tensão (tensão Hall) entre as duas faces opostas do condutor. A relação de resistividade Hall, que é proporcional ao campo magnético aplicado, é diretamente proporcional à diferença de potencial em relação à corrente. Para a medição deste campo magnético, o efeito Hall é normalmente utilizado. A temperaturas próximas do zero absoluto, a resistividade Hall quantiza-se numa estrutura 2D, com um valor estimado de h/ne^2 (onde, h = constante de Planck, n = número inteiro positivo, e e = carga eléctrica).Apenas para o valor ímpar de n foi descoberta a resistividade Hall, que resulta de um fenómeno de mecânica quântica conhecido como fase de Berry. O efeito Hall quântico é o nome dado a este fenómeno. Quando comparado com outros sistemas de electrões 2D, o grafeno tem uma forma única de descrever o efeito Hall quântico. No entanto, se o fator de enchimento for um meio-inteiro, a condutividade Hall é quantificada para o SLG. A quantificação da resistência Hall e da condutividade requer o desenvolvimento de níveis discretos de Landau.

A equação de Dirac sem massa do princípio pseudo-relativista pode explicar este fenómeno invulgar, que é causado pela excitação de quase-partículas no grafeno. Como resultado, desenvolver-se-á um nível de Landau de energia zero, resultando num desvio de 12 no fator de enchimento em relação à quantização da condutividade. Isto deve-se muito provavelmente ao facto de os electrões do grafeno terem uma energia magnética 1000 vezes superior à dos electrões dos materiais convencionais.

Os electrões do grafeno podem passar através de qualquer barreira potencial com uma eficiência de 100%. A explicação mecânica quântica deste reflexo é que a barreira pode impedir a passagem de electrões através de um determinado vale, alterando o seu alinhamento, mas isso viola as leis de conservação da quiralidade. O efeito Hall quântico no grafeno foi relatado por Geim et al. [94] e Kim et al. [95]. "Tratava-se de um elétrodo de porta feito de uma monocamada de carbono sobreposta a uma fina camada de dióxido de silício sobre um substrato de silício dopado. Na sua publicação, Geim demonstrou como a tensão da porta dopa o grafeno do tipo p para o tipo n (como se vê pelo coeficiente Hall positivo RH). É um bom exemplo de como o coeficiente Hall RH e a condutividade eléctrica extrapolam ambos para zero quando o nível de Fermi passa pelos pontos de Dirac quando o nível de Fermi passa pelos pontos de Dirac" [94].

1.4.2.6 Propriedades magnéticas do grafeno

A baixas temperaturas, as vacâncias (átomos em falta na estrutura hexagonal) funcionam como pequenos ímanes (têm propriedades magnéticas) e têm um impacto ilimitado nos electrões do grafeno que transportam as correntes eléctricas, o que resulta num aumento maciço da resistência eléctrica. O efeito Kondo é o nome deste fenómeno. Foi estudado por Azyev et al. [96]. Foi também sugerido que o efeito magnético é causado pelas arestas em "ziguezague" da nanoestrutura do grafeno [97].

Wang et al. [98] também descobriram o fenómeno do ferromagnetismo quando o óxido de grafeno foi reduzido num ambiente de hidrazina.

De acordo com Joly et al. [99], o grafeno apresenta principalmente magnetismo não uniforme abaixo de 20 K, o que se deve provavelmente à existência de impurezas carregadas no substrato de SiO_2 .

Toda esta situação foi exposta por académicos da Universidade de Maryland. Além disso, analisaram a localização das vacâncias e descobriram que o ferromagnetismo pode ser detectado se as vacâncias estiverem posicionadas na ordem correta. Como descrito noutro local [100], a adsorção de moléculas de H_2 O/ácido e a intercalação com nanocluster de potássio podem produzir uma redução do efeito magnético. A penetração de impurezas na camada grafítica por fisissorção reduz mecanicamente a distância entre camadas de grafeno, perturbando a disposição do momento magnético e diminuindo o momento magnético líquido [101].

1.4.2.7   Propriedades térmicas do grafeno

O grafeno não dopado tem uma baixa densidade de portadores e a influência eletrónica na condutividade térmica é insignificante. O fenómeno de transporte de fões é responsável pela condutividade térmica do grafeno. Quando a temperatura é elevada, a condução ocorre por difusão; quando a temperatura é baixa, ocorre a condução balística, uma vez que não há dispersão de electrões. O grafeno tem um caminho livre médio mais longo do que outros metais [102]. Um grafeno monocamada suspenso tem uma condutividade térmica de 6000 W/m/K à temperatura normal, que é substancialmente superior à da grafite [103]. Um grafeno monocamada suspenso gerado por esfoliação mecânica tem uma condutividade térmica de cerca de 5000 W/m/K, de acordo com Zhu et al. [104]. O grafeno foi suspenso numa trincheira.

O centro do grafeno suspenso foi fixado com um raio laser. O calor deslocou-se do centro do grafeno para a extremidade mais distante. Verificou-se que a perda de calor através do ar é menor do que através do grafeno [105]. Devido ao enfraquecimento da ligação, o pico Raman G desloca-se para o vermelho à medida que a temperatura do grafeno aquecido aumenta. Outro trabalho utilizou grafeno cultivado por CVD numa membrana fina de nitreto de silício para obter uma condutividade térmica de 2500 W/m/K (a 350 K); o nitreto de silício foi coberto com uma fina camada de ouro para aumentar o contacto térmico [106]. "A condutividade térmica do grafeno micromecanicamente esfoliado colocado num substrato de SiO_2 é de cerca de 600 W/m/K, o que é significativamente superior à do Cu (385 W/m/K), tal como foi recentemente referido" [107].

1.5 Métodos de síntese de grafeno

O termo "síntese de grafeno" refere-se ao processo de extração de grafeno, independentemente do seu tamanho, clareza ou densidade. Anteriormente, tinham sido descobertas várias estratégias para criar películas finas de grafite. "Em 1975, foram utilizados procedimentos de desintegração química para criar grafite de poucas camadas numa superfície de platina de cristal único, mas não foi reconhecido como grafeno devido à falta de ferramentas de caraterização ou potencialmente devido à sua aplicação limitada" [108]. As suas caraterísticas electrónicas nunca foram examinadas, uma vez que é difícil isolá-las e colocá-las em superfícies isolantes. Na década de 1990, Ruoff e colegas utilizaram o rasgamento mecânico de massas padronizadas em HOPG para separar fragmentos finos de grafeno em substratos de SiO_2 [109]. Kim e colaboradores utilizaram uma estratégia análoga para o fazer em 2005, tendo as propriedades eléctricas sido verificadas [110]. A verdadeira exploração do grafeno começou depois de Geim e colegas terem publicado as suas descobertas sobre o isolamento do grafeno num substrato de SiO_2 e a análise das suas propriedades eléctricas. Após a descoberta do grafeno em 2004, foram desenvolvidas várias estratégias para a produção de películas finas de grafite e de grafeno de camada única. A árvore de fluxo da Fig. 1.10 apresenta um resumo dos processos de fabrico do grafeno.

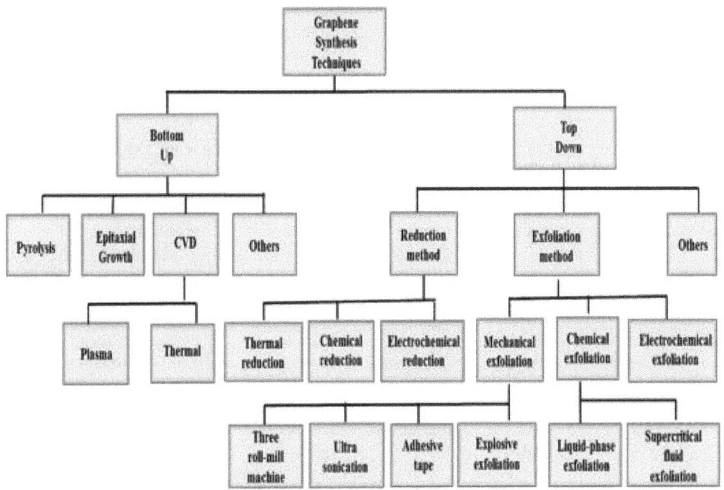

Fig. 1.10 Fluxograma do processo de síntese do grafeno

1.5.1 Abordagem ascendente

A técnica bottom-up de síntese de grafeno refere-se a um aglomerado de grafeno colocado num substrato. A pirólise, a deposição química em fase vapor (CVD) e o crescimento epitaxial são apenas alguns dos procedimentos bottom-up que podem ser utilizados para produzir grafeno.

A natureza e espessura das folhas de grafeno criadas utilizando várias técnicas ascendentes, bem como os méritos e desvantagens de cada método, estão resumidos na Tabela 1.2.

Quadro 1.2 Vantagens e desvantagens de vários processos de síntese de grafeno, tanto de baixo para cima como de cima para baixo

Método	Espessura	Tamanho lateral	Vantagem	Desvantagem	Ref.
Sonicação do grafeno	Camadas múltiplas e camadas simples	Poucos μm de tamanho	Método de baixo custo e disponível folhas de grafeno não modificadas	Baixo rendimento	139
Esfoliação micromecânica	Poucas camadas	Tamanho de μm a cm	Material de alta qualidade, simples e método de baixo custo, pobre controlo e folhas de grafeno de grandes dimensões	Não adequado para produção em massa	140
Crescimento epitaxial em SiC	Poucas camadas	Tamanho de μm a cm	Disponibilidade de folhas de grafeno frescas de tamanho muito grande e bom controlo	Não é adequado para a produção de grafeno em grande escala	113
Deposição química de vapor	Poucas camadas	Tamanho muito grande (cm)	Tamanho grande disponível; folhas de grafeno de alta qualidade	Não é adequado para a produção de grafeno em grande escala	114
Descompactação de nanotubos de carbono	Múltiplas camadas	Poucos μm de tamanho	Tamanho fiável	Grafeno oxidado e de custo muito elevado	141
Descarga por arco elétrico	Uma ou poucas camadas	Poucos nm a poucos μm	Método simples e fácil que produz poucos defeitos estruturais	Tubos curtos de tamanhos aleatórios que requerem um elevado grau de purificação	138

Método	Espessura	Tamanho lateral	Vantagem	Desvantagem	Ref.
Esfoliação eletroquímica	Uma ou poucas camadas	500-700 nm	Mais rápido, alto rendimento, amigo do ambiente, alta condutividade eléctrica do grafeno funcionalizado	As moléculas de surfactante são difíceis de remover e têm um impacto negativo nas propriedades eléctricas e electroquímicas do grafeno.	161

1.5.1.1 Pirólise do grafeno

A abordagem térmica solvo no método bottom up é um processo de produção química de grafeno. Nesta reação térmica num recipiente fechado, a proporção molar de sódio e etanol era de 1:1. A pirolização do etóxido de sódio seguida de ultra-sons simplificou a separação das camadas de grafeno. Este processo produziu folhas de grafeno com até 10 metros de comprimento. A espetroscopia Raman, o SAED e o TEM foram utilizados para caraterizar a estrutura [111]. A espetroscopia Raman revelou uma banda D, uma banda G e um rácio de intensidade I /I_{GD} alargado, sinais de grafeno danificado. O desenvolvimento é favorecido pelo elevado grau de pureza e pela temperatura elevada. No entanto, a qualidade do grafeno era ainda insuficiente, pois continha um grande número de defeitos.

1.5.1.2 Crescimento epitaxial de grafeno na superfície de SiC

Uma das técnicas mais comuns de fabrico de grafeno é o crescimento térmico epitaxial numa superfície de carboneto de silício (SiC) monocristalino. A palavra "epitaxia" tem origem no grego; epi significa "sobre" ou "em cima", e taxis significa "ordem" ou "arranjo". O crescimento epitaxial é descrito como a formação de uma película epitaxial através da deposição de uma única película cristalina num único substrato cristalino. O grafeno altamente cristalino é depositado em substratos de SiC monocristalinos utilizando esta abordagem. No substrato, existem normalmente dois tipos de procedimentos de crescimento epitaxial: crescimento homo-epitaxial e hetero-epitaxial. No caso do grafeno epitaxial decorado, o primeiro material utilizado para testes eléctricos foi o SiC, que foi escolhido em 2004 [112], uma vez que o SiC tem um grande "band gap" (3 eV) e pode ser utilizado como substrato para experiências eléctricas. Bommel et al. [113] foram os primeiros a relatar o fabrico de grafite nas superfícies 6H-SiC (0001) e 6H-SiC (0002) em 1975.

1.5.1.3 Deposição química de vapor (CVD)

A deposição química em fase vapor é conseguida através do processo de cozedura química, no qual as moléculas precursoras são aquecidas e convertidas num estado gasoso. Um substrato de metal de transição é difundido por precursores a uma temperatura muito elevada no processo CVD. Baseia-se na formação de películas finas sólidas na superfície de um substrato de metal de transição a partir de precursores gasosos. Para a deposição de grafeno de alta qualidade por CVD, são necessários substratos de metais de transição como o Cu [114], o Ni [115], o Ru [116], o Pd [111] e o Ir [117]. O Ni foi disponibilizado ao metano a temperaturas de 900° C em 1966 [118], para criar grafite fina que pode ser utilizada como suporte de amostras para microscopia eletrónica. O primeiro relatório sobre a deposição de materiais grafíticos de camada única sobre platina (Pt) por CVD térmica foi publicado em 1975 [120]. O primeiro material experimentado foi o níquel, sobre o qual foi colocado grafeno de grande área cultivado por CVD. As propriedades físicas e químicas do grafeno foram investigadas com o objetivo de desenvolver um novo domínio da eletrónica do grafeno [121-124]. A primeira tentativa de produzir grafeno num substrato de Ni utilizando CVD com cânfora (C H_{1016} O) ocorreu em 2006 [125]. De seguida, foram degradados diferentes hidrocarbonetos em diferentes substratos metálicos de separação, tais como Ru, Cu, Au, Co e Ni.

Existem técnicas de CVD térmico, CVD à pressão atmosférica (APCVD), CVD melhorado por plasma (PECVD) e outras técnicas de CVD. A temperatura no interior da câmara de CVD é geralmente estável durante todo o processo.

1.5.2 Abordagem de cima para baixo

A estratégia top-down é uma estratégia prejudicial. Ao delaminar as camadas de grafite em folhas de grafeno, um recurso inicial substancial é destruído. A esfoliação e a redução são dois tipos de processos top-down que utilizam mecanismos químicos, mecânicos, térmicos e electroquímicos.

A separação de derivados de grafite (como o óxido de grafite (GO)) através de uma técnica top-down produz camadas de grafeno.

1.5.2.1 Redução química

A redução química do óxido de grafite [126] é uma abordagem antiga para produzir grafeno em grandes quantidades, quando necessário. O óxido de grafite (GO) é amplamente feito por oxidação de grafite com permanganato de potássio, ácido sulfúrico e ácido nítrico usando os métodos Hummers, Brodie e Staudenmaier [126-128]. A utilização de ultra-sons na síntese de grafeno e na redução do óxido de grafeno é um método alternativo (GO). "A utilização de um excesso significativo de $NaBH_4$ como agente redutor resultou da adição de H_2 através dos alcenos combinada com a extrusão de azoto gasoso" [129]. O GO foi produzido através de uma reação química entre isocianatos orgânicos e o grupo hidroxilo. Outro método para produzir grandes quantidades de grafeno é a redução eletroquímica [130-132]. Os primeiros flocos monocamada de óxido de grafeno reduzido foram descobertos em 1962. A solução de óxido de grafite pode então ser sonicada para produzir nanoplaquetas de óxido de grafite. Para produzir óxido de grafeno em monocamada/multicamada, o GO é sonicado para flutuar na água [133,134] e depois desertificado por spin coating. O óxido de grafeno é reduzido térmica ou quimicamente. As películas de grafeno são criadas utilizando o processo de redução térmica solvo, que envolve a suspensão do óxido de grafeno num solvente orgânico [135]. A abordagem de suspensão coloidal [136] pode ser utilizada para criar grafeno quimicamente modificado (CMG). Existem muitos outros trabalhos que não estão incluídos nesta lista.

1.5.2.2 Esfoliação mecânica

A esfoliação mecânica é um método bem conhecido para remover as escamas de grafeno monocamada de certos substratos. Este processo foi o primeiro a fabricar grafeno. O acoplamento de uma orbital p parcialmente preenchida na vertical ao plano da folha resulta no empilhamento de folhas na grafite. "A esfoliação é o oposto do empilhamento, devido à fraca ligação e ao grande espaço na rede na direção vertical versus o pequeno espaço na rede e a ligação mais forte no plano da rede hexagonal" [137]. A esfoliação mecânica pode ser utilizada para obter diferentes espessuras de folhas de grafeno, como a grafite pirolítica altamente ordenada (HOPG) e a grafite natural [138-142]. "Este descolamento pode ser completado utilizando uma variedade de agentes como a ultra-sons [143], fita adesiva, campo elétrico [144], máquina de moagem de três rolos, explosivos e a técnica de impressão por transferência [145, 146], etc. A impressão por transferência de grafeno macroscópico a partir de HOPG modelado utilizando folhas de ouro foi também descoberta neste estudo [147]. É de longe o método mais económico para produzir grafeno de alta qualidade. Para além da abordagem explosiva, que requer muita energia para explodir, são experimentados procedimentos de esfoliação mecânica a temperaturas de processamento muito baixas.

1.5.2.3   Esfoliação química

A esfoliação química é um dos processos mais utilizados para a produção de grafeno. Várias formas de papel já lançaram métodos químicos para o fabrico de grafeno, tais como materiais de armazenamento de energia [148], compósitos de polímeros [149] e eléctrodos condutores transparentes [150]. Hummers [126], Brodie [127] e Staudenmaier [128] foram os primeiros a expressar o óxido de grafeno (GO) em 1860. A esfoliação química é um procedimento em duas etapas. Quando o espaçamento entre camadas é aumentado, as forças de Van der Waals diminuem. Como resultado, surgem os compostos intercalados de grafeno (GIC) [151]. O aquecimento rápido ou a ultrassonografia provocam a esfoliação química em grafeno de uma ou poucas camadas. A ultra-sons é utilizada para o óxido de grafeno monocamada [126, 152-156], enquanto a ultracentrifugação com gradiente de densidade é utilizada para várias espessuras de camadas [157, 158]. O óxido de grafeno (GO) é produzido através da técnica de Hummers, que consiste em adicionar oxigénio à grafite utilizando agentes oxidantes fortes como $NaNO_3$ e $KMnO_4$ em H_2 SO /H_{43} PO_4 [126, 159]. O grafeno de camada única foi criado através de ultra-sons numa combinação DMF/água (9:1) (Dimetil Formamida). Como resultado, o intervalo entre camadas é aumentado de 3,7 para 9,5Å. A esfoliação em fase líquida e a esfoliação com fluido supercrítico são dois procedimentos de esfoliação química. Em ambas as técnicas é necessário um solvente. Este solvente separa o grafeno a baixas temperaturas de funcionamento. A esfoliação em fase líquida utiliza a sonicação para quebrar as forças de atração entre as camadas de grafeno, enquanto a esfoliação com fluido supercrítico utiliza a infiltração para dispersar as camadas de grafeno.

1.5.2.4   Esfoliação eletroquímica

O elétrodo de referência, o elétrodo de trabalho, o contra-elétrodo, o eletrólito e a fonte de energia constituem a configuração da esfoliação eletroquímica. As varetas de grafite, a grafite pirolítica altamente ordenada, os pós de grafite, os flocos de grafite ou as folhas de grafite são eléctrodos de trabalho amplamente utilizados [160-164]. As placas ou varetas de platina, o fio e a grafite são frequentemente utilizados como contra-eléctrodos. Os mecanismos de esfoliação eletroquímica diferem consoante o potencial aplicado seja catódico ou anódico. Na esfoliação catódica, é aplicada uma tensão negativa ao elétrodo de trabalho de grafite para atrair iões carregados positivamente no eletrólito. A esfoliação anódica é o processo em que os aniões e outras espécies presentes no eletrólito são intercalados na grafite. O grafeno criado através de uma abordagem de esfoliação eletroquímica tem muito poucas falhas e pode ser utilizado em dispositivos de armazenamento de energia, eletrónica, sensores e compósitos. A esfoliação eletroquímica tem custos de produção em massa mais baixos [165].

1.6   Derivados de grafeno

Além disso, o recente aparecimento de outras formas/derivados do grafeno (os chamados "primos" do grafeno) tem atraído muita atenção devido às suas potenciais aplicações em vários domínios, incluindo o dos sensores químicos e biológicos. As várias formas de derivados do grafeno são o óxido de grafeno (GO) e o óxido de grafeno reduzido (rGO).

1.6.1 GO e rGO

"A síntese de grafeno, ou a conversão química de grafite em GO, é um substituto promissor e económico do grafeno" [166-168]. A Fig. 1.11 [169] mostra a estrutura molecular do óxido de grafeno (GO) e do óxido de grafeno reduzido (rGO). No carbono hibridizado sp^3 , os grupos hidroxilo e epóxi estão substancialmente carregados, enquanto os grupos carbonilo e carboxilo estão fortemente carregados no carbono hibridizado sp^2 . Como resultado, o GO tem um carácter hidrofílico e pode ser facilmente esfoliado em solução aquosa. O óxido de grafite (GO) é um sólido monocamada gerado por esfoliação com caraterísticas químicas semelhantes às do óxido de grafite. Nesta técnica, a grafite é oxidada utilizando oxidantes como H_2SO_4 , HNO_3 e $KMnO_4$. Devido ao deslocamento dos átomos hibridizados sp^3 , os filmes de GO formados são mais espessos do que as folhas de grafeno puro, que têm 0,34 nm de espessura. As técnicas de Brodie [127], Staudenmaier [128] e Hummers [126] foram todas usadas para completar a síntese de GO. Brodie e Staudenmaier utilizaram uma mistura de $KClO_3$ e HNO_3 como oxidante para oxidar a grafite. Yanwu et al. [170] utilizaram sais de grafite como precursores para a oxidação do GO, que foi completada pela intercalação da grafite com ácidos como $H_2 SO_4$, HNO_3, ou $KClO_4$. A queda química das folhas de GO pode ser conseguida na existência de vários agentes redutores, incluindo hidrazina [171-173], borohidreto de sódio [174, 175], hidroquinona [176] e ácido ascórbico [177].

Os átomos de oxigénio podem ser removidos durante o processo de redução, resultando em folhas de GO que são menos hidrofílicas [178]. A Fig. 1.11 "mostra os conjuntos moleculares de GO após oxidação e redução de GO usando hidrazina" [169]. Também deve ser mencionado que, devido à sua natureza hidrofóbica, o rGO pode aglomerar-se até ser estabilizado pelos tensioactivos especificados.

A redução térmica é outra forma de reduzir o GO que envolve a remoção de grupos funcionais de óxido por tratamento térmico.

Um mecanismo de aquecimento do GO a 1050° C foi utilizado por Allister et al. [179] para remover grupos funcionais de óxido como CO_2. "O tratamento térmico pode diminuir o rGO de camada única em 80%, enquanto 30% da massa pode ser perdida devido à ausência de funções de óxido, o que deixa vazios e defeitos estruturais que podem afetar as propriedades mecânicas e eléctricas do rGO formado" [167]. Dubin et al. propõem um método para produzir rGO a baixas temperaturas [180]. Para utilizar os grupos de ácido carboxílico do GO para estabilizar outras moléculas, é necessário activá-los.

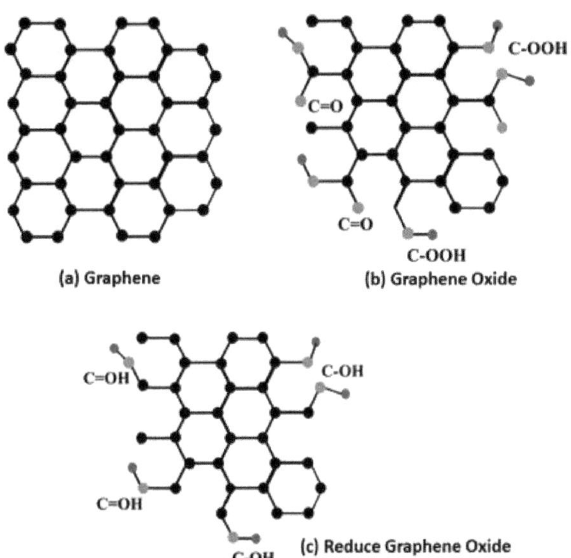

Fig. 1.11 Oxidação da grafite em GO e redução do GO em rGO

1.7 Sensor de gás baseado em materiais de carbono

A maioria dos sensores de gás disponíveis no mercado é feita de semicondutores de óxido e compostos poliméricos, sendo utilizadas abordagens cromatográficas, ópticas, calorimétricas e acústicas. Estes sensores de gás têm os seguintes inconvenientes: custo elevado, sensibilidade em ppb pouco frequente, baixa seletividade, período de tempo curto, estabilidade difícil, dificuldade de redução do tamanho e elevado consumo de energia [2]. "Como alternativa, os recursos de deteção de gás baseados em nanomateriais ganharam uma força significativa devido a uma combinação de capacidades eléctricas, ópticas e térmicas promissoras, bem como uma elevada relação superfície/volume, tempos de resposta e recuperação curtos e elevada sensibilidade" [3]. Verificou-se que os alótropos de carbono são biossensores químicos e biológicos eficazes porque a estrutura pode ser adaptada para aumentar a sensibilidade.

1.7.1 Sensor de gás baseado em nanotubos de carbono (CNT)

Wang et al. apresentaram "sensores baseados em redes de nanotubos de carbono de parede simples (SWCNT) com propriedades notáveis, tais como tempo de resposta/recuperação rápido e repetibilidade do gás-alvo" [181]. Criaram um sensor flexível com sensibilidade de 1 ppm para vapores de DMMP utilizando folhas finas de SWCNT [182]. Os autores citados nas referências [183] e [184] efectuaram trabalhos semelhantes.

1.7.2 Sensor de gás à base de grafeno e seus derivados

"Depois disso, vários derivados do grafeno (como o GO e o rGO) foram informados de que apresentavam aplicações de deteção devido às suas numerosas caraterísticas extraordinárias, tais como resistência mecânica invulgar, estabilidade térmica decente, boa condutividade, mobilidade de portadores muito elevada à temperatura ambiente, baixo ruído elétrico devido à sua exclusiva estrutura em favo de mel 2D e grande área de superfície" (área de superfície de 2630 m2/g) [185]. Para ajudar as pessoas a decidir por que razão devem utilizar um tipo de nanomaterial em vez de outro, dividimo-los em quatro categorias: nanopartículas metálicas, nanopartículas de óxidos metálicos, nanotubos de carbono (CNT) e grafeno. O grupo de Novoselov [4] revelou em 2007 o primeiro sensor de gás baseado em grafeno, sensores de grafeno de dimensão micrométrica capazes de detetar moléculas precursoras fixadas na superfície do grafeno. Também demonstraram que as moléculas adsorvidas no interior da camada de grafeno transformam o portador local uma a uma, o que resulta em mudanças de resistência mais elevadas. A sensibilidade das variações de resistividade induzidas pelo gás variou em função do gás, o que acabou por determinar se o gás era um dador de electrões (etanol) ou um aceitador de electrões (iodo). Este conhecimento proporcionou aos cientistas uma nova via para o desenvolvimento de sensores de gás baseados em grafeno [185]. As interações entre as folhas de grafeno e os adsorventes podem variar desde interações fracas de van der Waals até ligações covalentes fortes. Todas estas interações alteram a estrutura eléctrica do grafeno, que pode ser facilmente medida utilizando tecnologias electrónicas modernas. Hill et al. [186] "colocaram a hipótese de que a quantidade de interações entre as moléculas de gás/vapor alvo seria comparável à de uma única molécula, resultando numa elevada sensibilidade mesmo a baixas concentrações de gás" [187,188].

1.8 Melhorar o desempenho dos sensores de gás à base de grafeno e seus derivados

Há alguns aspectos a ter em conta quando se trabalha com grafeno intrínseco: (a) o fabrico em grande escala é difícil, (b) os intervalos de banda são nulos e (c) faltam grupos funcionais (que são essenciais para a adsorção de gás/vapor). Nesta situação, o óxido de grafeno reduzido (rGO), que é grafeno funcionalizado com diferentes grupos de oxigénio que proporcionam locais de adsorção melhorados, é mais favorável para melhorar a sensibilidade. A amostra de rGO tem várias ligações pendentes que podem atuar como locais de adsorção para analitos de gás [189,190], para além da sua grande estabilidade térmica. A dopagem adequada de impurezas, a criação de nanohíbridos, a funcionalização e a implementação numa estrutura de transístor de efeito de campo (FET) são comprovadamente as estratégias mais eficazes para melhorar o desempenho dos sensores à base de grafeno.

1.8.1 Modulação de FET, dopagem de nanopartículas e formação de nano malhas com base em sensores de gás

De acordo com Lu et al., "o rGO demonstra uma reação e recuperação rápidas para a deteção de NH3 quando está presente uma tensão de porta positiva (condutância de tipo n), o que é significativamente melhor do que o resultado em modo p com tensão de porta negativa ou zero" [10]. Russo et al. descreveram o fabrico de um detetor de gás H_2 à temperatura ambiente a partir de rGO, SnO_2 e Pt com tempos de resposta e recuperação rápidos [11]. Paul et al. [18] desenvolveram um detetor baseado numa nano-malha adornada com grafeno de grande área superficial produzido por CVD, com sensibilidades de cerca de 4,32% / ppm em NO_2 e 0,71% /ppm em NH_3 , respetivamente, e limites de deteção de 15 e 160 ppb. Há alguns aspectos a ter em conta quando se trabalha com grafeno intrínseco: (a) a produção em grande escala é difícil; (b) os grupos funcionais são difíceis de gerir. Uma vez que o grafeno cultivado por CVD não tem um intervalo de banda, os autores utilizaram a recente descoberta de que o confinamento lateral do grafeno em nanofitas de grafeno (GNR) com menos de 10 nm de largura pode induzir um intervalo de banda através do confinamento quântico e dos efeitos de borda [17], e que o intervalo de banda de uma GNR é dado por Eg= 0,8/W, em que W é a largura da fita em nanómetros [19].

1.8.2 Sensor de gás baseado em arquitecturas nanohíbridas de grafeno e óxido metálico

As estruturas nanohíbridas de óxido metálico, por outro lado, têm sido amplamente investigadas como sensores de gás devido à maior sensibilidade da sua resistência eléctrica aos adsorventes. "As nanoestruturas de óxido metálico, como o óxido de zinco (ZnO), o óxido estanoso (SnO_2), o óxido de tungsténio (WO_3), o óxido cuproso (Cu_2O) e outros, têm sido investigadas para aplicações de deteção, devido à sua enorme área de superfície, flexibilidade mecânica e estabilidade química" [20-28]. Uma das principais vantagens deste tipo de sensor amalgamado é a condutividade semi-metálica do grafeno, que permite uma resposta elevada. Quando o grafeno é combinado com óxidos metálicos à temperatura ambiente, o seu elevado rácio superfície/volume pode atuar como uma fonte de efeitos sinergéticos com uma boa resposta aos gases. Devido às moléculas de água e oxigénio adsorvidas, o grafeno e o rGO apresentam capacidades de condução dominantes nas regiões de dopagem de electrões e buracos, apesar do seu comportamento ambipolar e quase proporcional nas regiões de dopagem de electrões e buracos. Os investigadores estão a fazer um grande esforço [28-34] para desenvolver uma estrutura híbrida de grafeno ou rGO carregada com óxidos metálicos que possa funcionar à temperatura ambiente. As pessoas estão interessadas em saber mais sobre novas descobertas e desenvolvimentos na apresentação de nano-híbridos de grafeno e óxido metálico como detectores de gases nocivos para utilização na segurança e deteção ambiental. Começamos por discutir estratégias para produzir grafeno em grande escala e a baixo custo. Em seguida, aborda-se a função básica dos sensores de gás à base de grafeno, seguindo-se uma análise dos híbridos de grafeno com óxidos metálicos semicondutores, como o estanho, o zinco, o tungsténio, o cobre, o cobalto e outros óxidos metálicos, no contexto dos sensores de gás. Concluímos o artigo salientando a promessa dos sensores híbridos de grafeno e óxido metálico, seguidos de uma avaliação pormenorizada das perspectivas futuras do nano-híbrido, particularmente em termos de humidade e gases não polares.

1.9   Âmbito e objetivo do presente trabalho

A capacidade de monitorizar e detetar vários gases químicos é importante para muitas aplicações. Um exemplo é a monitorização ambiental, como a determinação da qualidade do ar no interior de uma sala ou de uma câmara fechada e a deteção da presença e concentração de gases tóxicos e de outros gases perigosos que possam resultar de derrames ou fugas. Outra vasta área de aplicação é o controlo de qualidade e a monitorização industrial, particularmente em indústrias como a de processamento de alimentos, de bebidas perfumadas e de outros produtos químicos, em que é necessário analisar e classificar misturas complexas de vapor. Na síntese de amoníaco, na conversão de produtos petrolíferos, na síntese de metanol, na metalurgia redutora, etc., é necessário monitorizar continuamente (em linha) as concentrações de gases perigosos como o H_2 , o CH_4 , o CO, etc., e emitir um alarme se o nível de concentração de gás for superior a um determinado limite de segurança (< 4 % para o H_2). Óxidos metálicos semicondutores como SnO_2 , ZnO e TiO_2 têm sido utilizados para detetar gases venenosos (CO) e inflamáveis (CH_4) através da sua alteração na condutividade. Por conseguinte, o desenvolvimento de um sensor de H_2 e CH_4 é muito pertinente para o controlo da atmosfera ambiental.

O presente trabalho é motivado para resolver os problemas da deteção de hidrogénio a alta temperatura de funcionamento com um longo tempo de resposta e recuperação sem aumentar consideravelmente o custo e a complexidade do fabrico. Assim, esta investigação foi basicamente elaborada com base na procura crescente de um sistema de monitorização do gás hidrogénio de baixo custo, de fabrico simples, duradouro, estável, excecionalmente sensível e seletivo à temperatura ambiente, especialmente para garantir a segurança industrial. Para desenvolver um sensor de hidrogénio gasoso altamente sensível à temperatura ambiente baseado numa estrutura nano-híbrida de óxido de grafeno reduzido (rGO) e nanopartículas de óxido de zinco (ZnO NPs), as ZnO NPs foram cultivadas por técnica de deposição química, enquanto a camada de rGO foi produzida por esfoliação eletroquímica utilizando hidróxido de tetrametilo e amónio (TMAH) como solvente orgânico e, em seguida, fundida sobre a camada de ZnO NPs.

A investigação também se centrou na melhoria do desempenho da heterojunção n-ZnO NRs/p-rGO baseada num sensor de gás hidrogénio nanohíbrido à temperatura ambiente. Esta hibridação sinérgica de dois potenciais elementos de deteção (ZnO NRs e rGO) abre caminho para dispositivos nanohíbridos de deteção de gás da próxima geração com um índice de desempenho dramaticamente melhorado.

Um novo modelo de sistema que pode monitorizar dados medidos por vários sensores (ou seja, sensores de gás n-ZnO/p-rGO nanohíbrido H_2 , sensor de temperatura e humidade) utilizando a IoT como tecnologiachave. O sistema foi construído utilizando um microcontrolador incorporado de baixo custo com um módulo WiFi ESP8266. O conceito do sistema foi implementado na realidade, utilizando dispositivos e conjuntos de protocolos da IoT. Os resultados revelaram uma nova área de aplicação promissora em que um sistema ubíquo inteligente, económico, de baixo consumo e portátil baseado na IoT poderia detetar e monitorizar a concentração de gás H_2 (ppm), a temperatura ambiente e a humidade relativa.

Referências:

[1] https://en.wikipedia.org ' wiki 'Segurança do hidrogénio

[2] X. Liu, S. Chang, H. Liu, S.Hu, D. Zhang, H. Ning, A Survey on Gas sensing Technology, Sensors 12 (2012) 9635-9665.

[3] G. Jiménez-Cadena, J. Riu, F. X. Riusa, Gas sensors based on nanostructured materials, Analyst 132 (2007) 1083-1099.

[4] F. Schedin, A. K. Geim, S. V. Morozov, E. W. Hill, P. Blake, M. I. Katsnelson e K.S. Novoselov, Detection of individual gas molecules adsorbed on graphene, Nature Materials 6,(2007) 652 - 655.

[5] Y.M. Lin, P. Avouris, Strong Suppression of Electrical Noise in Bilayer Graphene Nanodevices, Nano Lett., 8(8) (2008) 2119-2125.

[6] 28. E.W. Hill, A. Vijayaragahvan, K. Novoselov, Graphene sensors, IEEE Sensors Journal, 11(12) (2011) 3161-3170.

[7] T.J. Booth, P. Blake, R.R. Nair, D. Jiang, E.W. Hill, U. Bangert, A. Bleloch, M. Gass, K.S. Novoselov, M.I. Katsnelson, A.K. Geim, Macroscopic graphene membranes and their extraordinary stiffness, Nano Letters 8 (2008) 2442-2448.

[8] S.K. Pati, T. Enoki, C.N.R. Rao (Eds.), Graphene and Its Fascinating Attributes, World Scientific Publishing Co Pte. Ltd., Singapura, 2011.

[9] G. Lu, K. Yu, L. E. Ocola, J. Chen, Ultrafast room temperature NH3 sensing with positively gated reduced graphene oxide field - effect transistors, Chem. Commun. 47(27) (2011) 7761-7763.

[10] X. Huang, N. Hu, R. Gao, Y. Yu, Y. Wang, Z. Yang, E. Siu-Wai Kong, H. Wei, Y.Zhang, híbrido óxido de grafeno reduzido/polianilina: preparação, caraterização e suas aplicações para deteção de gás amoníaco, Journal of Materials Chemistry 22(42) (2012) 22488- 22495.

[11] P. A. Russo, N. Donato, S. G. Leonardi, S. Baek, D. E. Conte, G. Neri, N. Pinna, Roomtemperature hydrogen sensing with heteronanostructures based on reduced graphene oxide and tin oxide, Angew. Chem. Int. Ed., 51(44) (2012) 11053-11057.

[12] N. Hu, Y. Wang, J. Chai, R. Gao, Z. Yang, E. Siu-Wai Kong, Y. Zhang, Gas sensor based on p-phenylenediamine reduced graphene oxide", Sens. Actuators B, 163(1) (2012) 107-114.

[13] N. Hu, Z. Yang, Y. Wang, L. Zhang, Y. Wang, X. Huang, H. Wei, L. Wei, Y. Zhang, Sensores de gás NH3 ultra-rápidos e sensíveis à temperatura ambiente baseados em óxido de grafeno reduzido quimicamente, Nanotecnologia 25 (2013) 025502

[14] F. Niu, Jin-Mei Liu, Li-Ming Tao, W. Wang, Wei-Guo Song, Nanofolhas de grafeno codopadas com azoto e sílica para deteção de gás NO2, J. Mater. Chem. A, 1 (2013) 6130-6133.

[15] Y. Lu, B. R. Goldsmith, N. J. Kybert, A. T. C. Johnson, DNA decorated graphene chemical sensors, Appl. Phys. Lett. 97(8) (2010) 083107(1-3).

[16] A. Gutés, B. Hsia, A. Sussman, W. Mickelson, A. Zettl, C. Carraro, R. Maboudian, Graphene decoration with metal nanoparticles: Rumo a uma integração fácil para aplicações de deteção, Nanoscale, 4(2) (2012) 438-440.

[17] M. Pumera, A. Ambrosi, A. Bonanni, E.L.K. Chng, H.L. Poh, "Graphene for electrochemical sensing and biosensing", TrAC Trends in Analytical Chemistry 29(9) (2010) 954-965.

[18] R. K. Paul, S. Badhulika, N. M. Saucedo, A. Mulchandani, Graphene nanomesh as highly sensitive chemiresistor gas sensor, Anal. Chem. 84(19) (2012) 8171-8178

[19] K.T. Lam, D. Seah, S. K. Chin, S. B. Kumar, G. Samudra, Y. C. Yeo, G. Liang, IEEE Electron. Device Lett. 31 (2010) 555-557.

[20] X. Li, X. Wang, L. Zhang, S. Lee, H. Dai, Chemically Derived, Ultrasmooth Graphene Nanoribbon Semiconductors, Science 319(5867) (2008) 1229-1232.

[21] C. Wang, L. Yin, L. Zhang, D. Xiang, R. Gao, Metal Oxide Gas Sensors: Sensibilidade e factores de influência, Sensors 10 (2010) 2088-2106.

[22] N. Barsan, U. Weimar, Understanding the fundamental principles of metal oxide based gas sensors; the example of CO sensing with

SnO2 sensors in the presence of humidity, J. Phys. Condens. Matter 15 (2003) R813-R839.

[23] A. Lassesson, M. Schulze, J. van Lith, S.A. Brown, Tin oxide nanocluster hydrogen and ammonia sensors, Nanotechnology 19 (2008) 015502.

[24] F. Gyger, M. Hubner, C. Feldmann, N. Barsan, U. Weimar, Nanoscale SnO2 hollow spheres and their application as a gas-sensing material, Chemistry of Materials, 22 (2010) 4821-4827.

[25] X.M. Yin, C.C. Li, M. Zhang, Q.Y. Hao, S. Liu, Q.H. Li, L.B. Chen, T.H. Wang, SnO2 monolayer porous hollow spheres as a gas sensor, Nanotechnology 20 (2009) 455503.

[26] Z.W. Chen, D.Y. Pan, B. Zhao, G.J. Ding, Z. Jiao, M.H. Wu, C.H. Shek, L.C.M. Wu, J.K.L. Lai, Insight on fractal assessment strategies for tin dioxide thin films, ACS Nano 4 (2010) 1202-1208.

[27] G.K. Fan, Y. Wang, M. Hu, Z.Y. Luo, G. Li, Síntese de nano-SnO2 em forma de flor e estudo da sua resposta de deteção de gás, Measurement Science and Technology 22 (2011) 045203.

[28] A. Gurlo, Nanosensors: towards morphological control of gas sensing activity. SnO2, In2O3, ZnO e WO3 case studies, Nanoscale 3 (2011) 154-165.

[29] J. Yi, J.M. Lee, W. Park, nanobastões de ZnO alinhados verticalmente e arquitecturas híbridas de grafeno para sensores de gás flexíveis e altamente sensíveis, Sensors and Actuators B 155 (2011) 264-269.

[30] G. Singh, A. Choudhary, D. Haranath, A.G. Joshi, N. Singh, S. Singh, R. Pasricha, ZnO decorated luminescent graphene as a potential gas sensor at room temperature, Carbon 50 (2012) 385-394.

[31] S.J. Sun, C. Y. Lin, Hybrid-graphene gas sensor -model simulation, Europhysics Letters 96 (2011) 10002-10006.

[32] T.V. Cuong, V.H. Pham, J.S. Chung, E.W. Shin, D.H. Yoo, S.H. Hahn, J.S. Huh, G.H. Rue, E. J. Kim, S.H. Hur, P.A. Kohl, Solution-processed ZnO chemically converted graphene gas sensor, Materials Letters 64 (2010) 2479-2482.

[33] Z. Y. Zhang, R. J. Zou, G. S. Song, L. Yu, Z. G. Chen, J. Q. Hu, Nano-esferas de SnO2 altamente alinhadas em folhas de grafeno para sensores de gás, J. Mater. Chem. 21 (2011) 17360-17365.

[34] S. Deng, V. Tjoa, H. M. Fan, H. R. Tan, D. C. Sayle, M. Olivo, S. Mhaisalkar, J. Wei e C. H. Sow, Reduced Graphene Oxide Conjugated Cu2O Nanowire Meso-crystals for High- Performance NO2 Gas Sensor, J. Am. Chem. Soc. 134 (2012) 4905-4917.

[35] I. Jung, D. A. Dikin, R. D. Piner, R. S. Ruoff, Tunable electrical conductivity of individual graphene oxide sheets reduced at "low" temperatures, Nano Lett. 8(12) (2008) 4283-7.

[36] T. Seiyama, A. Kato, K. Fujushi, M. Nagatani, Um novo detetor de componentes gasosos utilizando películas finas semicondutoras, Anal. Chem. 34 (1962) 1502.

[37] D. Wang, Z. Ma, S. Dai, J. Liu, Z. Nie, M.H. Engelhard, Q. Huo, C. Wang, R. Kou, Síntese a baixa temperatura de óxidos de metais de transição cristalinos mesoporosos sintonizáveis e aplicações como suportes de catalisadores de Au. J. Phys. Chem. C, 112 (2008) 13499-13509.

[38] D. Haridas, K. Sreenivas, V. Gupta, Caraterísticas de resposta melhoradas da película fina de SnO2 carregada com catalisadores à escala nanométrica para deteção de GPL, Sens. Actuat. B, 133 (2008) 270-275.

[39] Y. Shimizu, N. Matsunaga, T. Hyodo, M. Egashira, Improvement of SO2 Sensing Properties of WO3 by Noble metal loading. Sens. Actuat. B, 77 (2001) 35-40.

[40] M. Lofdahl, C. Utaiwasin, A. Carlsson, I. Lundstrom, M. Eriksson, Gas response dependence on gate metal morphology of field effect devices, Sensors and Actuators B, 80 (2001) 183-192.

[41] R. C. Hughes, W. K. Schubert, T. E. Zipperian, J. L. Rodriguez e T. A. Plut, Thin film palladium and shiver alloys and layers for metal insulator semiconductor sensors, J. Appl. Phys. 62, 1074-1082 (1987).

[42] A. N. Banerjee e K. K. Chattopadhyay, Progress in crystal growth and characterization of materials, 50, 52-105 (2005).

[43] S. K. Hazra e S. Basu, Sensibilidade ao hidrogénio das homojunções p-n de ZnO, Sens. Actuators B: Chem. 117, 117-182 (2006).

[44] Y. Hu, X. Zhou, Q. Han, Q. Cao e Y. Huang, Sensing properties of CuO-ZnO heterojunction gas sensors, Mater. Sci. Eng. B 99, 41-43 (2003).

[45] Z. Ling, C. Leach, e R. Freer, Heterojunction gas sensors for environmental NO2 and CO2 monitoring, J. Eur. Ceramic Soc. 21, 1977-1980 (2001).

[46] P. Bhattacharyya, G. P. Mishra, S. K. Sarkar, The effect of surface modification and catalytic metal contact on methane sensing performance of nano-ZnO-Si heterojunction sensor, Microelectronics Reliability 51, 2185-2194 (2011).

[47] Z. Ling e C. Leach, O efeito da humidade relativa na sensibilidade ao NO2 de um sensor de gás de heterojunção SnO2/WO3, Sens. Actuators B: Chem. 102, 102-106 (2004).

[48] Y. Xue-Jun, H. Tian-Sheng, X. Wei, C. Kun e X. Xing, micro sensores de CO de alto desempenho baseados em nanofibras compostas de ZnO-SnO2 com caraterísticas anti-umidade, Chin. Phys. Lett. 29, 120702 (2012).

[49] M. Radecka, K. Zakrzewska e M. Rekas, Soluções sólidas de SnO2-TiO2 para sensores de gás, Sens. Actuators B 47, 194-204 (1998).

[50] L. E. Depero, M. Ferroni, V. Guidi et al., Preparação e caraterização microestrutural de películas finas nanométricas de TiO2-WO3 como novo material com elevada sensibilidade ao NO2, Sens. Actuators B 36, 381-383 (1996).

[51] P.M. Zaracky, Comparative studies of TMAH and KOH for anisotropic etching of silicon, Electrochem. Soc. Proc. 97 (1997) 102-117.

[52] M. Shikida, K. Sato, K. Tokoro, D. Uchikawa, Differences in anisotropic etching properties of KOH and TMAH solutions, Sens.Actuators A 80 (2000) 179-188.

[53] S.R. Kim, H.K. Hong, C.H. Kwon, D.H. Yun, K. Lee, Y.K. Sung, Propriedades de deteção de ozono de películas espessas de semicondutores à base de In2O3, Sens. Actuators B: Chem. 66 (2000) 59-62.

[54] R. Bene, I.V. Perczel, F. Reti, F.A. Meyer, M. Fleisher, H. Meixner, Reacções químicas na deteção de acetona e NO por uma película fina de CeO2, Sens. Actuators B:Chem. 71 (2000) 36-41.

[55] F. Bender, C. Kim, T. Mlsna, J.F. Vetelino, Characterzation of a WO3 thin film chlorine sensor, Sens. Actuators B: Chem. 77 (2001) 281-286.

[56] H. Gong, J.Q. Hu, J.H. Wang, C.H. Ong, F.R. Zhu, Nano-crystalline Cu-doped ZnO thin film gas sensor for CO, Sens. Actuators B: Chem. 115 (2006) 247-251.

[57] S.K. Hazra, S. Basu, Hydrogen sensitivityof ZnO p-n homojunctions, Sens. Actu-ators B: Chem. 117 (2006) 117-182.

[58] N. Yamazoe, New approaches for improving semiconductor gas sensors (Novas abordagens para melhorar os sensores de gás semicondutores). Sens. Actuators B 5(1-4), 7-19 (1991). doi:10.1016/ 0925-4005(91)80213-4

[59] R. Kumar, G. Kumar, A. Umar, Zinc oxide nanomaterials for photocatalytic degradation of methyl orange: a review. Nanosci. Nanotechnol. Lett. 6(8), 631-650 (2014). doi:10.1166/nnl.2014.1879

[60] M. Valtiner, X. Torrelles, A. Pareek, S. Borodin, H. Gies, G. Grundmeier, Estudo in situ da superfície polar ZnO(0001)-Zn em electrólitos alcalinos. J. Phys. Chem. C 114(36), 15440-15447 (2010). doi:10.1021/jp1047024

[61] M. Kunat, S.G. Girol, T. Becker, U. Burghaus, C. Wo¨ll, Stability of the polar surfaces of ZnO: a reinvestigation using He-atom scattering. Phys. Rev. B 66, 081402 (2002). doi:10.1103/Phys RevB.66.081402

[62] B. Meyer, D. Marx, Density-functional study of the structure and stability of ZnO surfaces. Phys. Rev. B 67, 035403 (2003). doi:10.1103/PhysRevB.67.035403

[63] N. Han, X. Wu, L. Chai, H. Liu, Y. Chen, Counterintuitive sensing mechanism of ZnO nanoparticle based gas sensors. Sens. Actuators B: Chem. 150(1), 230-238 (2010). doi:10.1016/ j.snb.2010.07.009

[64] Y. Zhang, J. Xu, Q. Xiang, H. Li, Q.Y. Pan, P.C. Xu, nanoestruturas de ZnO hierárquicas tipo escova: síntese, fotoluminescência e propriedades de sensor de gás. J. Phys. Chem. C 113(9), 3430-3435 (2009). doi:10.1021/jp8092258

[65] C. Li, L. Li, Z. Du, H. Yu, Y. Xiang, Y. Li, Y. Cai, T. Wang, Deteção rápida e ultra-alta de etanol com base em nanobastões de ZnO revestidos com Au. Nanotechnology 19(3), 035501 (2008). doi:10.1088/ 0957-4484/19/03/035501

[66] H. Ihokura, SnO2-based inflammable gas sensors. Tese de Doutoramento, Universidade de Kyushu (1983), pp. 52-57

[67] H. Mitsudo, Ceramics for gas and humidity sensors (part I)-gas sensor. Ceramics 15, 339-345 (1980)

[68] J.H. Jun, J. Yun, K. Cho, I.-S. Hwang, J.-H. Lee, S. Kim, Sensores de NO2 baseados em nanopartículas de ZnO com resposta alta e rápida. Sens. Actuators B: Chem. 140(2), 412-417 (2009). doi:10.1016/j.snb.2009.05.019

[69] J.X. Wang, X.W. Sun, Y. Yang, C.M.L. Wu, comportamentos de deteção de transição N-P de nanotubos de ZnO expostos a gás NO2. Nanotechnology 20(46), 465501 (2009). doi:10.1088/0957-4484/20/46/465501

[70] Raza, W.; Ahmad, K. Um sensor não enzimático de glucose baseado num elétrodo impresso em ecrã descartável modificado com Fe@ZnO altamente seletivo (SPE/Fe@ZnO). Mater. Lett. **2018**, 212, 231-234.

[71] Chen, C.Y.; Liu, Y.R.; Lin, S.S.; Hsu, L.J.; Tsai, S.L. Role of annealing temperature on the formation of aligned zinc oxide nanorod arrays for efficient photocatalysts and photodetectors. Sci. Adv. Mater. **2016**, 8, 2197-2203.

[72] M. Inagaki, Y. A. Kim e M. Endo, Graphene: preparation and structural perfection, J. Mater. Chem. 21, 3280-3294 (2011).

[73] H. P. Boehm, R. Setton, e E. Stumpp, Nomenclatura e terminologia dos compostos de intercalação de grafite. Carbon 24, 241-245 (1986).

[74] K. Novoselov, A. Geim, S. Morozov, D. Jiang, Y. Zhang, S. Dubonos, I. Grigorieva, e A. Firsov, Electric field effect in atomically thin carbon films, Science 306, 666-669 (2004).

[75] L. D. Brown, M. Jaros, e D. Ninno, Momentum-mixing-induced enhancement of band nonparabolicity in GaAs-Ga1-xAlxAs superlattices, Phys. Rev. B 36, 2935-2937 (1987).

[76] J. Hass, W. A. de Heer e E. H. Conrad, The growth and morphology of epitaxial multilayer graphene, J. Phys. Cond. Matter. 20, 323202 (27pp) (2008).

[77] K. Jensen, K. Kim, e A. Zettl, Um sensor de massa nanomecânico de resolução atómica, Nat. Nanotechnol. 3, 533-537 (2008).

[78] A. H. Castro Neto, F. Guiné, N. M. R. Peres, K. S. Novoselov, and A. K. Geim, The electronic properties of graphene, Rev. Mod. Phys. 81, 109-162 (2009).

[79] M. I. Katsnelson, K. S. Novoselov, e A. K. Geim, Chiral tunnelling and the Klein paradox in graphene, Nat. Phys. 2, 620-625 (2006).

[80] X. Du, I. Skachko, A. Barker, e E. Y. Andrei, Approaching ballistic transport in suspended graphene, Nat. Nanotechnol. 3, 491-495 (2008).

[81] G. Van Lier, C. Van Alsenoy, V. Van Doren, and P. Geerlings, Ab initio study of the elastic properties of single-walled carbon nanotubes and graphene, Chem. Phys. Lett. 326, 181-185 (2000).

[82] C. D. Reddy, S. Rajendran e K. M. Liew, Equilibrium configuration and continuum elastic properties of finite sized graphene, Nanotechnology 17, 864-870 (2006).

[83] K. N. Kudin, G. E. Scuseria, e B. I. Yakobson, C2F, BN, e C nanoshell elasticity from ab initio computations, Phys. Rev. B 64, 235406-235415 (2001).

[84] I. W. Frank, D. M. Tanenbaum, A. M. Van Der Zande, e P. L. McEuen, Mechanical properties of suspended graphene sheets, J. Vac.Sci. Technol. B 25, 2558-2561 (2007).

[85] M. Poot e H. S. J. Van Der Zant, Nanomechanical properties of few layer graphene membrane, Appl. Phys. Lett. 92, 063111 (2008).

[86] C. Gomez-Navarro, M. Burghard, e K. Kern, Elastic properties of chemically derived single graphene sheets, Nano Lett. 8, 2045-2049 (2008).

[87] S. Bae, H. Kim, Y. Lee, X. Xu, J. S. Park, e Y. Zheng, Produção roll-to-roll de filmes de grafeno de 30 polegadas para eléctrodos transparentes, Nat. Nanotechnol, 5, 574-578 (2010).

[88] T. Gokus, R. R. Nair, A. Bonetti, M. Bohmler, A. Lombardo, e K. S. Novoselov, Making graphene luminescent by oxygen plasma treatment, ACS Nano 3, 3963-3968 (2009).

[89] K. I. Bolotin, K. J. Sikes, Z. Jiang, M. Klima, G. Fudenberg, J. Hone, P. Kim, e H. L. Stormer, Ultrahigh electron mobility in suspended graphene, Solid State Commun. 146, 351-355 (2008).

[90] T. Durkop, S. A. Getty, E. Cobas, e M. S. Fuhrer, Extraordinary mobility in semiconducting carbon nanotubes, Nano Lett. 4, 35-39 (2004).

[91] S. V. Morozov, K. S. Novoselov, M. I. Katsnelson, F. Schedin Elias, J. A. Jaszczak, e A. K. Geim, Giant intrinsic carrier mobilities in graphene and its bilayer,Phys. Rev. Lett. 100, 016602 (2008).

[92] N. Stander, B. Huard, e D. Goldhaber-Gordon, Evidence for klein tunneling in graphene p-n junctions, Phys. Rev. Lett. 102, 026807 (2009).

[93] P. Guo, H. H. Song e X. H. Chen, Electrochemical performance of graphene nanosheets as anode, Electrochem. Commun. 11, 1320-1324 (2009).

[94] K. B. Kim, C. M. Lee, e J. Choi, crescimento direto sem catalisador de nano grafeno triangular em todos os substratos, J. Phys. Chem. 115, 14488-14495 (2011).

[95] A. K. Geim e K. S. Novoselov, The rise of graphene, Nat. Mater. 6, 183-191 (2007).

[96] O. V. Yazyev e L. Helm, Magnetometry measurements of highly-oriented pyrolytic graphite, Phys. Rev. B 75, 125408-125411 (2007).

[97] S. Bhowmick e V. B. Shenoy, magnetismo de estado limite de single. Camada de nanoestruturas de grafeno, J. Chem. Phys. 128, 244717-1 (2008).

[98] Y. Wang, Y. Huang, Y. Song, X. Y. Zhang, Y. F. Ma, J. J. Liang, e Y. S. Chen, Room-temperature ferromagnetism of graphene, Nano Lett. 9, 220-224 (2009).

[99] V. L. J. Joly, K. Takahara, K. Takai, K. Sugihara, T. Enoki, M. Koshino e H. Tanaka, Effect of electron localization on the edge-state spins in a disordered network of nanographene sheets, Phys. Rev. B 81, 115408 (2010).

[100] 32. H. Sato, N. Kawatsu, T. Enoki, M. Endo, R. Kobori, S. Maruyama, e K. Kaneko, Drastic effect of water-adsorption on the magnetism of nanomagnets, Solid State Commun. 125, 641-645 (2003).

[101] T. Enoki and K. Takai, Unconventional electronic and magnetic functions of nanographene-based host-guest systems, Dalton Trans. 3773-3781 (2008).

[102] C. H. Yu, L. Shi, Z. Yao, D. Y. Li, e A. Majumdar, Thermal conductance and thermopower of an single-wall carbon nanotube individual, Nano Lett. 5, 1842-1846 (2005).

[103] S. Berber, Y. K. Kwon e D. Tomanek, Unusually high thermal conductivity of carbon nanotubes, Phys. Rev. Lett. 84, 4613-4616 (2000).

[104] Y. Zhu, S. Murali, W. Cai, X. Li, J. W. Suk, J. R. Potts e R. S. Ruoff, Graphene and graphene oxide: Synthesis, properties, and applications, Adv. Mater. 22, 3906-3924 (2010).

[105] I. K. Hsu, M. T. Pows, A. Bushmaker, M. Aykol, L. Shi e S. B. Cronin, Absorção ótica e transporte térmico de feixes individuais de nanotubos de carbono suspensos, Nano Lett. 9, 590-594 (2009).

[106] W. Cai, A. L. Moore, Y. Zhu, X. Li, S. Chen, L. Shi, e R. S. Ruoff, Thermal Transport in suspended and supported monolayer graphene grown by chemical vapor deposition, Nano Lett., 10, 1645-1651 (2010).

[107] J. H. Seol, I. Jo, A. L. Moore, L. Lindsay, Z. H. Aitken, M. T. Pettes, X. Li, Z. Yao, R. Huang, D. Broido, N. Mingo, R. S. Ruoff e L. Shi, Two dimensional phonon transport in supported grapheme, Science 328, 213-216 (2010).

[108] Lang, B.: Um estudo LEED da deposição de carbono em superfícies de cristais de platina. Surface Science 53(1), 317-329 (1975). doi:10. 1016/0039-6028(75)90132-6

[109] Lu, X.K., Yu, M.F., Huang, H., Ruoff, R.S.: Tailoring graphite with the goal of achieving single sheets. Nanotechnology 10(3), 269-272 (1999). doi:10.1088/0957-4484/10/3/308

[110] Zhang, Y.B., Small, J.P., Pontius, W.V., Kim, P.: Fabrico e medições de transporte dependentes do campo elétrico de dispositivos de grafite mesoscópicos. Appl. Phys. Lett. 86, 073104 (2005). doi:10.1063/1.1862334

[111] Choucair, M., Thordarson, P. e Stride, J.A. (2009) Gram-Scale Production of Graphene Based on Solvothermal Synthesis and Sonication. Nature Nanotechnology, 4, 30-33. https://doi.org/10.1038/nnano.2008.365

[112] Berger, C., et al. (2004) Ultrathin Epitaxial Graphite: 2D Electron Gas Properties and a Route towards Graphene-Based Nanoelectronics. The Journal of Physical Chemistry B, 108, 19912-19916. https://doi.org/10.1021/jp040650f

[113] Van Bommel, A.J., Crombeen, J.E. e Van Tooren A. (1975) LEED and Auger Electron Observations of the SiC(0001) Surface. Surface Science, 48, 463-472. https://doi.org/10.1016/0039-6028(75)90419-7

[114] Reina, A., Jia, X.T., Ho, J., Nezich, D., Son, H., Bulovic, V., Mildred Dresselhaus, S., Kong, J.: Grande área, filme de grafeno de

poucas camadas em substratos arbitrários por deposição química de vapor.Nano Lett. 9(1), 30-35 (2009). doi:10.1021/nl801827v

[115] Kim, K.S., Zhao, Y., Jang, H., Lee, S.Y., Kim, J.M., Kim, K.S., Ahn, J.-H., Kim, P., Choi, J.-Y., Hong, B.H.: Large-scale pattern growth of graphene films for stretchable transparent electrodes. Nature 457, 706-710 (2009). doi:10.1038/nature07719

[116] Sutter, P.W., Flege, J.-I., Sutter, E.A.: Epitaxial graphene on ruthenium. Nature Mater. 7, 406-411 (2008). doi:10.1038/nmat2166

[117] Coraux, J., N'Diaye, A.T., Busse, C., Michely, T.: Structural coherency of graphene on Ir(111)". Nano Lett. 8(2), 565-570 (2008). doi:10.1021/nl0728874

[118] Karu, A.E., Beer, M.: Formação pirolítica de películas de grafite altamente cristalinas. J. Appl. Phys. 37, 2179 (1966). doi:10.1063/1.1708759

[119] Perdereau, J., Rhead, G.E.: Estudos LEED de adsorção em superfícies de cobre vicinais. Surf Science 24(2), 555-571 (1971). doi:10.1016/0039-6028(71)90281-0

[120] Lang, B.: Um estudo LEED da deposição de carbono em superfícies de cristais de platina. Surface Science 53(1), 317-329 (1975). doi:10. 1016/0039-6028(75)90132-6

[121] Novoselov, K.S., Geim, A.K., Morozov, S.V., Jiang, D., Zhang, Y., Dubonos, S.V., Grigorieva, I.V., Firsov, A.A.: Electric field effect in atomically thin carbon films. Science 306(5696), 666-669 (2004). doi:10.1126/science.1102896

[122] Katsnelson, I.M.: Graphene: Carbono em duas dimensões. Mater Today 10(1-2), 20-27 (2007). doi:10.1016/S1369- 7021(06)71788-6

[123] Geim, A.K., Kim, P.: Carbon wonderland. Sci Am 298(4), 90-97 (2008). doi:10.1038/scientificamerican0408-90 136.

[124] Dreyer, D.R., Park, S., Bielawski, C.W., Ruoff, R.S.: A química do óxido de grafeno. Chem. Soc. Rev. 39(1), 228-240 (2010). doi:10.1039/B917103G

[125] Somani, P.R., Somani, S.P., Umeno, M.: Nano-grafenos planares a partir de cânfora por CVD. Chem. Phys. Lett. 430(1-3), 56-59 (2006). doi:10.1016/j.cplett.2006.06.081

[126] Hummers, W.S., Offeman, R.E.: Preparação de óxido de grafite. J. Am. Chem. Soc. 80(6), 1339 (1958). doi:10.1021/ ja01539a017

[127] Brodie, B.C.: Sur le poids atomique du graphite. Ann. Chim. Phys. 59, 466-472 (1860)

[128] Staudenmaier, L.: Verfahren zur Darstellung der Graphitsa¨ure. Eur. J. Inorg. Chem. 31(2), 1481-1487 (1898). doi:10.1002/cber. 18980310237

[129] Shin, H.-J., Kim, K.K., Benayad, A., Yoon, S.-M., Park, H.K., Jung, I.-S., Jin, M.H., Jeong, H.-K., Kim, J.M., Choi, J.-Y., Lee, Y.H.: Efficient reduction of graphite oxide by sodium borohydride and its effect on electrical conductance. Adv. Funct. Mater. 19(12), 1987-1992 (2009). doi:10.1002/adfm.200900167

[130] Guo, H.-L., Wang, X.-F., Qian, Q.-Y., Wang, F.-B., Xia, X.-H.: Uma abordagem ecológica para a síntese de nanofolhas de grafeno. ACS Nano 3(9), 2653-2659 (2009). doi:10.1021/nn900227d

[131] Sundaram, R.S., G ' omez-Navarro, C., Balasubramanian, K., Burghard, M., Kern, K.: Electrochemical modification of graphene. Adv. Mater. 20(16), 3050-3053 (2008). doi:10.1002/ adma.200800198

[132] Compton, O.C., Jain, B., Dikin, D.A., Abouimrane, A., Amine, K., Nguyen, S.T.: Óxido de grafeno reduzido quimicamente ativo com rácios C/O ajustáveis. ACS Nano 5(6), 4380-4391 (2011). doi:10.1021/nn1030725

[133] McAllister, M.J., Li, J.L., Adamson, D.H., Schniepp, H.C., Abdala, A.A., Liu, J., Alonso, M.H., Milius, D.L., Car, R., Robert, K., Prud'homme, R.K., Aksay, I.A.: Single sheet functionalized graphene by oxidation and thermal expansion of graphite. Chem. Mater. 19(18), 4396-4404 (2007). doi:10.1021/ cm0630800

[134] Parades, J.I., Villar-Rodil, S., Mart'ınez-Alonso, A., Tasc'on, J.M.D.: Dispersões de óxido de grafeno em solventes orgânicos. Langmuir 24(19), 10560-10564 (2008). doi:10.1021/la801744a

[135] Dubin, S., Gilje, S., Wang, K., Tung, V.C., Cha, K., Hall, A.S., Farrar, J., Varshneya, R., Yang, Y., v, R.B.: Um método de redução solvotérmica de um passo para produzir grafeno reduzido. ACS Nano 4(7), 3845-3852 (2010). doi:10.1021/nn100511a

[136] Xu, Y.X., Bai, H., Lu, G.W., Li, C., Shi, G.Q.: Filmes de grafeno flexíveis através da filtração de folhas de grafeno funcionalizadas não covalentes solúveis em água. J. Am. Chem. Soc. 130(18), 5856-5857 (2008). doi:10.1021/ja800745y

[137] Rao C. N. R., Maitra U. e Matte H. S. S. R.; Síntese, Caracterização e Propriedades Selecionadas do Grafeno. Em: Rao C. N. R e Sood A. K. (eds) Graphene: Synthesis, Properties, and Phenomena, First Edition. Publicado em 2013 por Wiley-VCH Verlag GmbH and Co. KGaA

[138] Hiura, H., Ebbesen, T.W., Fujita, J., Tanigaki, K., Takada, T.: Role of sp3 defect structures in graphite and carbon nanotubes. Nature 367, 148-151 (1994). doi:10.1038/367148a0

[139] Ebbesen, T.W., Hiura, H.: Graphene in 3-dimensions: towards graphite origami. Adv. Mater. 7(6), 582-586 (1995). doi:10. 1002/adma.19950070618

[140] Bernhardt, T.M., Kaiser, B., Rademann, K.: Formação de padrões superperiódicos em grafite pirolítica altamente orientada através da manipulação de folhas de grafite nanométricas com a ponta STM. Surf. Sci. 408(1-3), 86-94 (1998). doi:10.1016/S0039-6028(98)00152-6

[141] Lu, X., Yu, M., Huang, H., Ruoff, R.S.: Tailoring graphite with the goal of achieving single sheets. Nanotechnology 10(3), 269 (1999). doi:10.1088/0957-4484/10/3/308

[142] Roy, H.V., Kallinger, C., Sattler, K.: Manipulação de folhas de grafite usando um microscópio de tunelamento. J. Appl. Phys. 83, 4695 (1998). doi:10.1063/1.367257

[143] Ci, L.J., Song, L., Jariwala, D., Elias, A.L., Gao, W., Terrones, M., Ajayan, P.M.: Graphene shape control by multistage cutting and transfer. Adv. Mater. 21(44), 4487-4491 (2009). doi:10. 1002/adma.200900942

[144] Liang, X., Chang, A.S.P., Zhang, Y., Harteneck, B.D., Choo, H., Olynick, D.L., Cabrini, S.: Esfoliação assistida por força eletrostática de grafenos de poucas camadas pré-padronizados em locais de dispositivos. Nano Lett. 9(1), 467-472 (2008). doi:10.1021/nl803512z

[145] Liang, X., Fu, Z., Chou, S.Y.: Graphene transistors fabricated via transfer-printing in device active-areas on large wafer. Nano Lett. 7(12), 3840-3844 (2007). doi:10.1021/nl072566s

[146] Chen, J.-H., Ishigami, M., Jang, C., Hines, D.R., Fuhrer, M.S., Williams, E.D.: Circuitos impressos de grafeno. Adv. Mater. 19(21), 3623-3627 (2007). doi:10.1002/adma.200701059

[147] Song, L., Ci, L., Gao, W., Ajayan, P.M.: Impressão por transferência de grafeno utilizando película de ouro. ACS Nano 3(6), 1353-1356 (2009). doi:10.1021/nn9003082

[148] Stoller, M.D., Park, S.J., Zhu, Y.W., An, J.H., Ruoff, R.S.: Graphene-based ultracapacitors. Nano Lett. 8(10), 3498-3502 (2008). doi:10.1021/nl802558y

[149] Stankovich, S., Dikin, D.A., Dommett, G.H.B., Kohlhaas, K.M., Zimney, E.J., Stach, E.A., Piner, R.D., Nguyen, S.T., Ruoff, R.S.: Graphene-based composite materials. Nature 442, 282-286 (2006). doi:10.1038/nature04969

[150] Wang, X., Zhi, L., Mullen, K.: Eléctrodos de grafeno transparentes e condutores para células solares sensibilizadas por corantes. Nano Lett. 8(1), 323-327 (2008). doi:10.1021/nl072838r

[151] Wu, Y.H., Yu, T., Shen, Z.X.: Two-dimensional carbon nanostructures: fundamental properties, synthesis, characterization, and potential applications. J. Appl. Phys. 108, 071301 (2010). doi:10.1063/1.3460809

[152] Marcano, D.C., Kosynkin, D.V., Berlin, J.M., Sinitskii, A., Sun, Z., Slesarev, A., Alemany, L.B., Lu, W., Tour, J.M.: Síntese melhorada de óxido de grafeno. ACS Nano 4(8), 4806-4814 (2010). doi:10.1021/nn1006368

[153] Park, S., An, J., Jung, I., Piner, R.D., An, S.J., Li, X., Velamakanni, A., Ruoff, R.S.: Suspensões coloidais de óxido de grafeno altamente reduzido numa grande variedade de solventes orgânicos. Nano Lett. 9(4), 1593-1597 (2009). doi:10.1021/nl803798y

[154] Allen, M.J., Tung, V.C., Kaner, e R.B.: Honeycomb carbon: a review of graphene. Chem. Rev. 110(1), 132-145 (2009). doi:10.1021/cr900070d

[155] Tung, V.C., Allen, M.J., Yang, Y., Kaner, R.B.: Processamento de grafeno em grande escala através de soluções de alto rendimento. Nat. Nanotechnol. 4, 25-29 (2009). doi:10.1038/nnano.2008.329

[156] Paredes, J.I., Villar-Rodil, S., Marti'nez-Alonso, A., Tasco'n, J.M.D.: "Graphene oxide dispersions in organic solvents". Langmuir 24(19), 10560-10564 (2008). doi:10.1021/la801744a

[157] Green, A.A., Hersam, M.C.: Métodos emergentes para a produção de dispersões monodispersas de grafeno. J Phys Chem Lett 1(2), 544-549 (2009). doi:10.1021/jz900235f

[158] Green, A.A., Hersam, e M.C.: Produção de grafeno em fase de solução com espessura controlada através da diferenciação da densidade. Nano Lett. 9(12), 4031-4036 (2009). doi:10.1021/nl902200b

[159] Wu, J., Pisula, W., Mu"llen, K.: Graphenes as potential material for electronics. Chem. Rev. 107(3), 718-747 (2007). doi:10. 1021/cr068010r

[160] Su C Y, Lu A Y, Xu Y, Chen F R, Khlobystov A N, e Li L J, Filmes finos de grafeno de alta qualidade a partir de esfoliação eletroquímica rápida, ACs nano, 2011,5(3),2332-9.

[161] Santhanam S V K, Kandlikar S G, Mejia V, Yuek Y, Processo eletroquímico para a produção de grafeno, óxido de grafeno, compósitos metálicos e substratos revestidos, pedido de patente dos EUA 20160017502,2016.

[162] Liu N, Luo F, Wu H, Liu Y, Zhang C, Chen J, Síntese Eletroquímica Assistida por Líquido Iónico num Só Passo de Folhas de Grafeno Funcionalizadas com Líquido Iónico Diretamente a partir de Grafite, Adv. Funct. Mater, 2008, 18, 1518-1525.

[163] Cooper A J, Wilson N R, Kinloch I A, Dryfe R A W, método de esfoliação eletroquímica de fase única para a produção de grafeno de poucas camadas através da intercalação de catiões de tetraalquilamónio, Carbono, 2014, 66, 340-350.

[164] P Tripathi, C Patel, R Prakash, M.A. Shaz, O. N. Srivastava, Síntese de grafeno de alta qualidade através da esfoliação eletroquímica de grafite em eletrólito alcalino, arXiv preprint arXiv, (2013)1310-7371.

[165] Liu J, Yang H, Zhen S G, Poh C K, Chaurasia A, Luo J, Uma abordagem verde para a síntese de flocos de óxido de grafeno de alta qualidade através da esfoliação eletroquímica do núcleo do lápis, RSC Adv., 2013, 3, 11745-50.

[166] Stankovich S, Dikin DA, Dommett GHB, Kohlhaas KM, Zimney EJ, Stach EA, et al. Materiais compósitos à base de grafeno. Nature 2006; 442:282.

[167] Schniepp HC, Li JL, McAllister MJ, Sai H, Herrera-Alonso M, Adamson DH, et al. Folhas de grafeno simples funcionalizadas derivadas de   óxido de grafite de divisão   . J Phys Chem B 2006; 110:8535.

[168] Gomez-Navarro C, Weitz RT, Bittner AM, Scolari M, Mews A, Burghard M, et al. Propriedades de transporte eletrónico de folhas individuais de óxido de grafeno reduzidas quimicamente. Nano Lett 2007; 7:3499.

[169] Virendra S, Daeha J, Lei Z, Soumen D, Saiful IK, Sudipta S. Materiais à base de grafeno: passado, presente e futuro. Prog Mater Sci Mater Sci 2011; 56:1178e271.

[170] Yanwu Z, Shanthi M, Weiwei C, Xuesong L, Ji Won S, Potts Jeffrey R, et al. Graphene and Graphene Oxide: synthesis, properties and applications (Grafeno e óxido de grafeno: síntese, propriedades e aplicações). Adv Mater 2010; 22:3906e24.

[171] Stankovich S, Dikin DA, Piner RD, Kohlhaas KA, Kleinhammes A, Jia Y, et al. Síntese de nanofolhas à base de grafeno através da redução química de óxido de grafite esfoliado. Carbono 2007; 45:1558.

[172] Eda G, Fanchini G, Chhowalla M. Large-area ultrathin films of reduced graphene oxide as a transparent and flexible electronic material. Nat Nanotechnol 2008; 3:270.

[173] Lee C-G, Park S, Ruoff RS, Dodabalapur A. Integração de óxido de grafeno reduzido em transístores orgânicos de efeito de campo como eléctrodos condutores e como camada de modificação de metal. Appl Phys Lett 2009; 95:023304.

[174] Shin H-J, Kim KK, Benayad A, Yoon S-M, Park HK, Jung I-S, et al. Redução eficiente do óxido de grafite por borohidreto de sódio e o seu efeito na condutância eléctrica. Adv Funct Mater 2009; 19:1987.

[175] Yongchao S, Edward T. Síntese de grafeno solúvel em água. Nano Lett 2008; 8(6):1679c82.

[176] Guoxiu W, Juan Y, Jinsoo P, Xinglong G, Bei W, Hao L, et al. Síntese fácil e caraterização de nanofolhas de grafeno. J Phys Chem 2008; 112:8192.

[177] Dua V, Surwade SP, Ammu S, Agnihotra SR, Jain S, Roberts KE, et al. Sensor de vapor alorgânico utilizando óxido de grafeno reduzido impresso por jato de tinta. Chem Int Ed 2010; 122:2200.

[178] Stankovich S, Piner RD, Chen XQ, Wu NQ, Nguyen ST, Ruoff RS. Dispersões aquosas estáveis de nanoplaquetas grafíticas através da redução de óxido de grafite esfoliado na presença de poli (4-estirenossulfonato de sódio). J Mater Chem 2006; 16:155.

[179] McAllister MJ, Li J-L, Adamson DH, Schniepp HC, Abdala AA, Liu J, et al. Grafeno funcionalizado de folha única por oxidação e expansão térmica de grafite. Chem Mater 2007; 19:4396.

[180] Dubin S, Gilje S, Wang K, Tung VC, Cha K, Hall AS, et al. Um método de redução solvotérmica de um passo para produzir dispersões de óxido de grafeno reduzido em solventes orgânicos. ACS Nano 2010; 4:3845.

[181] Y. Wang, Z. Zhou, Z. Yang, X. Chen, D. Xu, Y. Zhang, Gas sensors based on deposited single walled carbon nanotube networks for DMMP detection, Nanotechnology 20(34) (2009) 345502(8pp).

[182] Y. Wang, Z. Yang, Z. Hou, D. Xu, L. Wei, E. Siu-Wai Kong, Y. Zhang, Sensores de gás flexíveis com filmes finos de nanotubos de carbono montados para deteção de vapor de DMMP, Sens. Actuators B 150(2) (2010) 708-714.

[183] Y. Wang, N. Hu, Z. Zhou, D. Xu, Z. Wang, Z. Yang, H. Wei, E. Siu-Wai Kong, Y. Zhang, Single walled carbon nanotube/cobalt phthalocyanine derivative hybrid material: preparation, characterization and its gas sensing properties, Journal of Materials Chemistry, 21(11) (2011) 3779-3787.

[184] B. K. Miremadi, K. Colbow, Um sensor de gás seletivo de hidrogénio a partir de películas de carbono altamente orientadas, obtidas por fracturação de carvão vegetal, Sens. Actuators B 46 (1998) 30-34.

[185] F. Schedin, A. K. Geim, S. V. Morozov, E. W. Hill, P. Blake, M. I. Katsnelson, K. S. Novoselov, "Detection of individual gas molecules adsorbed on graphene", Nat. Mater. 6 (2007) 652-655.

[186] Y.M. Lin, P. Avouris, Strong Suppression of Electrical Noise in Bilayer Graphene Nanodevices, Nano Lett., 8(8) (2008) 2119-2125.

[187] E.W. Hill, A. Vijayaragahvan, K. Novoselov, Graphene sensors, IEEE Sensors Journal 11(12) (2011) 3161-3170.

[188] T.J. Booth, P. Blake, R.R. Nair, D. Jiang, E.W. Hill, U. Bangert, A. Bleloch, M. Gass, K.S. Novoselov, M.I. Katsnelson, A.K. Geim, Macroscopic graphene membranes and their extraordinary stiffness, Nano Letters 8 (2008) 2442-2448.

[189] Liu J, Li S, Zhang B, Xiao Y, Gao Y, Yang Q, et al. Limite de deteção ultrassensível e baixo do sensor de gás dióxido de azoto baseado na nanoestrutura hierárquica de ZnO semelhante a uma flor

modificada por óxido de grafeno reduzido. Sensores e Actuadores B. 2017; 249:715-724. DOI: 10.1016/j.snb.2017.04.190

[190] Venkatesan A, Rathi S, Lee I-Y, Park J, Lim D, Kim G-H, et al. Deteção de hidrogénio a baixa temperatura utilizando uma estrutura híbrida baseada em óxido de grafeno reduzido e nanoflores de óxido de estanho. Ciência e Tecnologia de Semicondutores. 2016; 31:125014. DOI: 10.1088/0268-1242/31/12/125014

Síntese de grafeno multicamada por esfoliação eletroquímica com solvente orgânico

2.1 Introdução

O grafeno estabeleceu-se como extremamente útil numa variedade de áreas de investigação devido à sua estrutura eletrónica peculiar que lhe permite formar um número de orbitais atómicas hibridizadas. O carbono, o ingrediente mais básico do grafeno, faz com que as ligações covalentes se mantenham unidas. O átomo de carbono pode adaptar-se a diversas configurações moleculares e cristalinas devido a esta ligação covalente altamente direcionada. As propriedades químicas e físicas dos alótropos de carbono estão finalmente estabelecidas [1].

O grafeno monocamada e multicamada, entre outros alótropos, atingiu o auge da era moderna, revelando avanços científicos e técnicos ilimitados com aplicações em nanodispositivos, particularmente em aplicações optoelectrónicas e de sensores. Os electrões actuam como partículas de menor massa e viajam a uma velocidade de milhares de quilómetros por segundo dentro da camada de grafeno, porque não existem impedimentos ao seu movimento.

"A excelente condutividade térmica deste material (~5000 W/m-K) e a sua mobilidade eléctrica ultra-elevada (~200.000 cm2/V-s) fazem dele uma escolha óbvia para futuras aplicações de sensores de gás ultra-rápidos" [2].

A falta de controlo sobre as propriedades das substâncias 2D, uma vez que o grafeno é colocado num substrato de suporte, constitui uma restrição à sua potencial utilização como material eletrónico. Para ultrapassar a incompatibilidade do CMOS, é extremamente desejável cultivar o grafeno numa bolacha de silício.

O grafeno de grandes áreas pode ser facilmente produzido em substratos de Cu/Ni, mas a sua transferência para o silício é difícil. Diversos investigadores apresentaram relatórios sobre a síntese do grafeno. A esfoliação mecânica tem sido o método mais popular para o fabrico de grafeno a baixo custo.

Apesar disso, surgem defeitos estruturais que resultam numa condutividade limitada devido à dispersão de electrões no interior da camada de grafeno. Além disso, a sua baixa produtividade dificulta a produção de grafeno em grande escala.

O crescimento epitaxial em carboneto de silício parece ser um método promissor para criar grafeno monocamada com propriedades eléctricas excepcionais. Por outro lado, o controlo da espessura e a repetibilidade do grafeno de grande área são dificuldades que têm de ser resolvidas antes de o método poder ser implementado no sector dos semicondutores. Além disso, esta abordagem requer uma temperatura excessiva, bem como um UHV (vácuo ultra-alto). Outra desvantagem deste método é o facto de limitar a extensão lateral dos cristalitos devido à rugosidade da superfície.

Apesar de a deposição química de vapor (CVD) ser a forma mais aprovada para sintetizar o grafeno [3-7], continua a ser uma técnica dispendiosa que requer a utilização de equipamento muito caro [8]. Além disso, a transferência do grafeno obtido por CVD para um substrato mais fácil de utilizar é trabalhosa e demorada. Para além disso, esta gravação química não garante que a camada de metal catalítico colocada no substrato seja completamente removida.

A contaminação metálica à escala atómica ou nanoscópica esteve sempre presente, adsorvida na superfície do grafeno. As propriedades eléctricas e electroquímicas do grafeno são prejudicadas por estas impurezas.

O grafeno produzido quimicamente tem vantagens distintas na fase de solução [9-23]. "A abordagem de Hummers é uma das estratégias mais utilizadas nesta via. Neste método, a grafite é oxidada em óxido de grafeno fino (GO), que é depois reduzido química ou termicamente" [24, 25]. No entanto, existem ainda algumas desvantagens. O processo de oxidação causa danos graves nas redes alveolares do grafeno, e a diminuição do GO exige uma temperatura elevada.

Existem diversos processos de esfoliação, incluindo a esfoliação em fase líquida baseada na agitação ultrassónica e a redução química do grafeno intercalado e esfoliado; no entanto, a técnica requer um processamento físico para gerar GNSs (nanofolhas de grafeno).

Para evitar os problemas relacionados com a síntese de grafeno, o presente estudo propõe um método simples de síntese de grafeno utilizando uma técnica de esfoliação eletroquímica [26]. De acordo com investigações anteriores, este método permite um controlo mais preciso da espessura da camada de grafeno, sendo também simples de implementar.

"Su et al. descreveram um método para esfoliar electroquimicamente a grafite em $H_2 SO_4$ para produzir GNSs de alta qualidade e de grande área. Flocos de grafite natural ou grafite pirolítica altamente orientada (HOPG) foram utilizados como elétrodo e fonte de grafeno para esfoliação eletroquímica nas suas experiências" [2]. Como elétrodo de terra, foi escolhido um fio de platina (Pt). Experimentaram uma variedade de electrólitos antes de se fixarem no $H_2 SO_4$ com uma polarização crescente de 10 V durante intervalos de 1 minuto. A filtração foi utilizada para capturar os GNSs esfoliados e os produtos associados, que foram depois redispersos numa solução de dimetilformamida (DMF). Além disso, os autores utilizaram uma nova técnica para diminuir a falha induzida por ácido. Para diminuir o nível de acidez da solução electrolítica e maximizar a condição de esfoliação, foi adicionado KOH à solução de $H_2 SO_4$. A espessura dos GNSs esfoliados foi de aproximadamente 2 nm, de acordo com as suas descobertas. Estes GNSs esfoliados electroquimicamente têm tamanhos laterais que variam de 1 a 40 μm [2].

Santhanam et al. "descreveram um processo eletroquímico numa única etapa e um aparelho para o fabrico de grafeno, GO, pontos quânticos de grafeno, compósitos metálicos de grafeno/GO, substratos revestidos de grafeno/GO e substratos revestidos de compósitos metálicos de grafeno/GO. Esta abordagem utiliza uma célula eletroquímica com vários eléctrodos de intervalo, incluindo um intervalo zero. Foi utilizado um banho eletroquímico constituído por água e um líquido orgânico em conjunto com um elétrodo anódico feito de grafite e um elétrodo catódico feito de uma substância condutora de eletricidade. O aquecimento por efeito de Joule e a fragilização por oxigénio ocorrem quando é fornecida uma corrente eléctrica entre o ânodo e o cátodo, resultando na deposição de um compósito metal/grafeno" [27].

O GNS foi fabricado através da funcionalização eletroquímica da grafite, de acordo com Liu et al. Descreveram um método eletroquímico de um passo para fabricar folhas de grafite funcionalizadas com líquido iónico, utilizando uma mistura de líquido iónico e água. Estes GNSs funcionalizados podem ser esfoliados a partir de folhas de grafite tratadas com líquido iónico. Entre as duas hastes de grafite, foi aplicado um potencial estático de 15 V (que actuam como eléctrodos). Os autores descobriram também que as propriedades dos GNSs podem ser influenciadas por diferentes tipos de líquidos iónicos e por diferentes rácios de líquido iónico/água. De acordo com as suas investigações, os

GNS tinham um comprimento médio de até 700 nm, com uma largura de 500 nm, e as folhas eram dobradas. Além disso, foi examinada a condutividade eléctrica do compósito GNS/poliestireno. A condutividade deste compósito foi de 13,84 S/m, o que é três a quinze vezes superior à condutividade dos compósitos de poliestireno com CNTs de parede única [28].

Cooper et al. "descreveram uma intercalação eletroquímica de catiões de tetraalquilamónio em grafite pura como um método não oxidativo de criação de grafeno de poucas camadas. O sistema de três eléctrodos utilizou dois tipos de eléctrodos de trabalho (HOPG e vareta de grafite), bem como um fio de Pt como contra-elétrodo e um fio de prata com frita de vidro ou fio de Pt como elétrodo de referência. Os resultados destes dois tipos de eléctrodos de grafite foram ligeiramente diferentes. Em primeiro lugar, o HOPG proporciona mais benefícios em termos de tamanho da esfoliação, mas a configuração do elétrodo de origem complica a técnica e exige a utilização de sonicação. Em segundo lugar, o grafeno de poucas camadas (2 nm de espessura) é gerado diretamente utilizando um elétrodo de haste de grafite, embora os tamanhos dos flocos desta fonte sejam tipicamente minúsculos (cerca de 100-200 nm). Significativamente, a vareta de grafite não requer ultra-sonicação ou qualquer processamento físico adicional da dispersão resultante para uma abordagem à base de solvente" [29].

A técnica de síntese, que se baseia na esfoliação eletroquímica da grafite, foi descrita por Tripathi et al. Estes autores utilizaram uma solução básica (KOH liquefeito em $H_2 O$) como eletrólito, a grafite como ânodo e a Pt como cátodo, em vez de ácidos fortes (que oxidam e arruínam a topologia geométrica do grafeno). Uma das vantagens da utilização de um eletrólito alcalino puro, de acordo com os seus argumentos, é que não oxidará a grafite do ânodo, principalmente nos limites; no entanto, a utilização do elétrodo de Pt é extensa. Além disso, a remoção de iões metálicos da folha de grafeno não pode ser realizada utilizando KOH ou $H_2 SO_4$ num método de esfoliação eletroquímica [30].

Por conseguinte, é necessário proceder a uma revisão, que seja económica e mais eficaz em comparação com as técnicas já existentes para obter uma camada de grafeno sem contaminantes.

Este artigo descreve o fabrico de grafeno utilizando uma abordagem de esfoliação eletroquímica, que oferece algumas soluções para os estrangulamentos anteriormente discutidos.

Para começar, foi utilizado um elétrodo de terra (Cu) de baixo custo para tornar o procedimento mais rentável. Em segundo lugar, foi feito um esforço para utilizar hidróxido de tetrametilamónio (TMAH; $(CH)_{34}$ NOH liquefeito em H_2 O), um eletrólito orgânico puro que, tanto quanto sabemos, nunca tinha sido utilizado. O TMAH é uma base altamente forte com basicidade (pK_b) de 4,2 e um pH > 13 a 20°C. O carácter orgânico é reforçado pelos grupos metilo. A presença de iões metálicos nos GNSs é suprimida pelo TMAH. Esta abordagem baseada em soluções permite que o grafeno seja produzido numa película sobre uma variedade de substratos, incluindo os flexíveis.

"A esfoliação com um eletrólito alcalino orgânico resulta numa maior extensão lateral sem desordem nos bordos, e as caracterizações estruturais utilizando a difração de raios X (XRD), a microscopia eletrónica de varrimento de emissão de campo (FESEM) e a microscopia de força atómica (AFM) revelam a orientação cristalográfica, a morfologia da superfície e a estrutura do grão" [31]. A espetroscopia UV-visível (UV-Vis) é utilizada para identificar falhas e contaminantes durante a caraterização ótica. Também utilizámos a espetroscopia de infravermelhos com transformada de Fourier (FTIR) para procurar contaminantes e falhas no material depositado. A Tabela 2.1 compara as numerosas abordagens de esfoliação eletroquímica para a síntese de grafeno que foram relatadas até agora com o trabalho atual.

Quadro 2.1

Diferenciação das técnicas de esfoliação eletroquímica para a síntese de grafeno com o trabalho atual

Tensão de polarizaçã o (V)	Eléctrodos	Eletrólito	Resultado	Ref.
2,5 V e ± 10V	Eléctrodos de trabalho: Grafite Contra-eléctrodos: Fio de Pt	2,4 gm H_2 SO_4 , 100 mL de água desionizada e 11 mL de KOH	Espessura <= 3 nm, Tamanho lateral = 1 a 40 μm, Rendimento = ~5 a 8 % em peso	2
+10V	Eléctrodos de trabalho: Grafite	Solução 0,1 M H_2 SO_4	Tamanho lateral = 5 a 10 μm, Espessura = ~1,5 nm	32

Tensão de polarização (V)	Eléctrodos	Eletrólito	Resultado	Ref.
	Contra-eléctrodos: Fio de Pt			
± 7V	Eléctrodos de trabalho: Grafite Contra-eléctrodos: Grafite	Electrólitos aquosos ($H_2 SO_4$ ou $H_3 PO$)$_4$	Espessura = 3 a 9 nm, Tamanho lateral = 1 a 5 μm	33
+1 V e +3 V	Eléctrodos de trabalho: Grafite Contra-eléctrodos: Fio de Pt	3,0 M NaOH, 130 mM $H O_{22}$, $H O_2$	Espessura = 1a2 nm Rendimento = 95% de rendimento	34
+10V	Eléctrodos de trabalho: Grafite Contra-eléctrodos: Fio de Pt	0,1 M $(NH_4)2SO_4$ aquoso solução	Tamanho lateral = 5 a 44 μm,	35
+5 V a 6 V	Eléctrodos de trabalho: Grafite Contra-eléctrodos: Fio de Pt	0,15 M $Na_2 SO_4$ e 0,01 M $NaC H_{1225} SO_4$, $H_2 SO_4$	Grafeno de 2 a 4 camadas	8
+ 15V	Eléctrodos de trabalho: Grafite Contra-eléctrodos: Grafite	10mL $C H N_{12232}$ - PF_6 e 10mL de $H O_2$	Espessura = 1,1nm, Tamanho lateral = 700 nm	28
+3V e ±15V	Dois lápis B8	Solução 0,1 M de $LiClO_4$ / $CH_3C_2H_3O_2CO$	Espessura = multi-camadas Tamanho lateral = 1a2μm	36
+6 V +5 V	Eléctrodos de trabalho: Grafite Contra-eléctrodos: Fio de Pt Elétrodo de referência: Fio de Pt ou fio de prata	TMA ClO_4 , TEA BF_4 , e $TBABF_4$	Diâmetro de 100 a 200 nm, mas normalmente são mais espessos	29
2,5V e ±8V	Eléctrodos de trabalho: Carbono Contra-eléctrodos: Cobre	Eletrólito orgânico puro TMAH	Espessura = 4,5 nm, flocos de tamanho maior, tamanho lateral = 3 a 4 μm	Trabalho atual

O grafeno esfoliado electroquimicamente é mais adequado para aplicações em sensores de gás devido à sua natureza menos defeituosa e mais condutora.

A alteração localizada da concentração de portadores quando as moléculas de gás são adsorvidas na superfície do grafeno pode ser comparada à dopagem. O sistema de electrões 2D no grafeno é ajustado para um gás de electrões 2D como resultado desta dopagem. A grande mobilidade do grafeno e a condutividade semelhante à do metal, em contraste com outros materiais, reduzem o ruído de fundo nos fenómenos de transporte. Utilizando dispositivos básicos de transístores de efeito de campo de grafeno, foi construído um sensor ultrassensível que pode detetar partes por bilião de substâncias químicas perigosas com um tempo de resposta rápido e uma maior sensibilidade, utilizando estas caraterísticas do grafeno.

2.2 Experimental

2.2.1 Materiais

Todos os produtos químicos eram de grau de reagente analítico e foram utilizados sem purificação adicional aquando da sua chegada. TMAH, DMF (Merck, Alemanha), água desionizada e bloco de carbono CB154 Makita, tamanho: 6,5x13,5x16 mm, marca: IUGIS, placa de cobre 99,9% puro com 1 mm de espessura.

2.2.2 Síntese de grafeno por esfoliação eletroquímica

A configuração da esfoliação eletroquímica está representada na Figura 2.1. Diluindo TMAH (Merck, Alemanha) com água desionizada (10 ml) com um intervalo de pH de 10-13,5, pode ser utilizado como eletrólito alcalino orgânico. Recomenda-se um valor de pH mais elevado porque impede a oxidação do bloco de carbono nas fronteiras.

Com um pH de 13,5, foram obtidos os melhores resultados. Como aceptoras de protões, as bases aumentam a concentração de iões OH^- em soluções aquosas. O produto $[H O_3^+]$ $[OH^-]$ foi sempre mantido constante a uma dada temperatura e pressão devido à lei da ação das massas. Consequentemente, à medida que $[OH^-]$ aumenta, a concentração de H O_3^+ diminui, aumentando o valor do pH. As propriedades redutoras das bases são esclarecidas pela tendência natural do ião OH^- para libertar um eletrão.

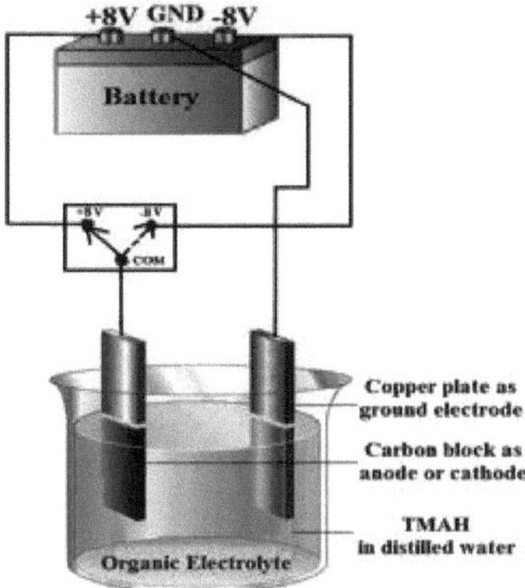

Fig. 2.1 Ilustração esquemática da configuração da esfoliação eletroquímica

O ânodo ou cátodo nesta configuração é um bloco de carbono, enquanto o elétrodo de terra é uma placa de cobre. As imagens ópticas dos eléctrodos são apresentadas na Figura 2.2 (i, ii, e iii). Todo o conjunto de eléctrodos foi submerso em TMAH, com os contactos e o fio de ligação pouco acima da superfície do eletrólito. O espaçamento entre os eléctrodos de carbono e de cobre foi preservado em 3 cm.

Fig. 2.2 Imagens ópticas de (i) placa de cobre (1x10mmx15mm) (ii) bloco de carbono (6,5×13,5×16mm) (iii) bloco de carbono após esfoliação,

Para humedecer a amostra, foi aplicada uma tensão dc de 2,5 V durante 10 minutos antes de aplicar a esfoliação eletroquímica. Como demonstrado na Figura 2.3, quando se aplica um potencial forte a um bloco de carbono, este dissocia-se rapidamente através das arestas e dispersa-se na solução. Este método dura cerca de 20 minutos e esfolia significativamente os flocos de grafite. As imagens ópticas da configuração da esfoliação eletroquímica no início, 5 minutos depois e 20 minutos depois são mostradas na Figura 2.3 (i, ii e iii). Durante a esfoliação, formam-se dois tipos de flocos de grafite: o primeiro produz um depósito na parte inferior do balão e contém fragmentos grossos de grafite; o segundo forma um depósito na parte superior do balão e contém fragmentos finos de grafite. O outro tipo de amostra flutua à superfície do eletrólito.

(i) (ii) (iii)

Figura 2.3 Imagens ópticas de (i) arranjo de esfoliação eletroquímica no início (ii) após 5 minutos (iii) após 20 minutos

Após a esfoliação eletroquímica, a Figura 2.4 (i) mostra uma imagem ótica de flocos de grafeno a flutuar na superfície superior do eletrólito. Descobriu-se que estes flocos quase transparentes são constituídos por grafeno de poucas camadas. Ambos os tipos de grafeno são misturados e filtrados a 9000 rpm utilizando um processo de filtração por centrifugação (REMI, R-12C Plus). Os flocos de grafite filtrados foram lavados repetidamente com água desionizada para eliminar os produtos residuais antes de serem secos num secador de vácuo durante 72 horas à temperatura ambiente para obter grafeno esfoliado.

(i) (ii) (iii)

Fig. 2.4 Imagens ópticas de (i) nanofolhas de grafeno a flutuar na superfície superior do eletrólito. (ii) Pó de grafeno e (iii) solução de DMF com nanofolhas de grafeno.

A aplicação de potencial anódico e catódico ao bloco de carbono num eletrólito orgânico é reivindicada nesta esfoliação eletroquímica. A Pt é utilizada como outro elétrodo num processo de dois eléctrodos para a maior parte da investigação em que o outro elétrodo é uma placa de cobre. De acordo com a investigação, o potencial positivo no ânodo de grafite aumenta a penetração de aniões nas camadas de grafite [29-32]. Como resultado, a grafite expande-se gradualmente com a esfoliação sucessiva do grafeno. Esta abordagem é ineficaz, uma vez que foram detectados níveis consideráveis de funções de oxigénio no grafeno gerado, comprometendo as suas caraterísticas eléctricas.

Um potencial negativo, por outro lado, leva os iões positivos do eletrólito a penetrarem nas camadas de grafite, monitorizadas por esfoliação e expansão.

Esta última opção é mais demorada do que a primeira, mas permite certificar a síntese do grafeno com grande conformidade. O projeto atual integra ambas as opções anteriormente mencionadas. O aperto de mão da intercalação com a esfoliação é facilitado pela aplicação repetida de potenciais positivos e negativos ao bloco de carbono, tornando-o numa técnica mais rápida de criação de grafeno escalável.

Isto significa que a esfoliação anódica provoca a oxidação da folha de grafeno. Como resultado, a esfoliação catódica minimiza a presença de grupos funcionais formados durante a esfoliação anódica, melhorando a eficiência da esfoliação. A Fig. 2.5 apresenta um esquema dos mecanismos de esfoliação anódica e catódica.

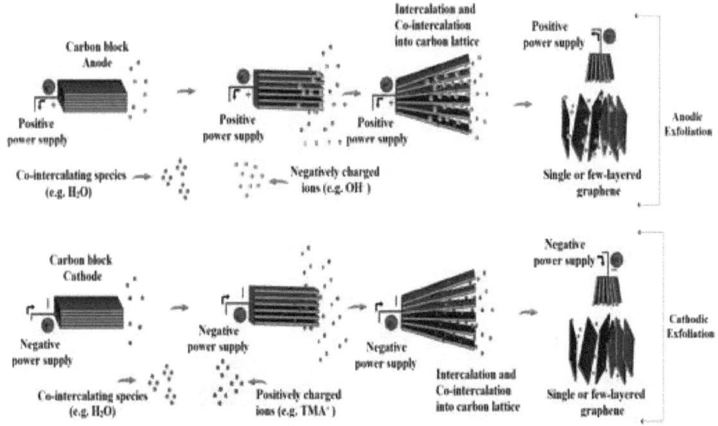

Fig. 2.5 **Visão** geral dos mecanismos de esfoliação anódica e catódica

2.2.3 Fabrico do dispositivo

Para fazer uma solução, utilizar o solvente DMF (Merck, Alemanha). A solução de DMF deve ter uma concentração de 0,9 mg/ml. As imagens ópticas do pó de grafeno e dos GNSs distribuídos na solução de DMF são mostradas na Figura 2.4 (ii e iii).

Para obter uma solução homogénea de GNSs, a dispersão foi submetida a ultra-sons (GT SONIC, VGT 1620QDT) durante 30 minutos. Para a obtenção dos GNSs, a solução foi preservada durante 2 dias antes de ser depositada sobre um substrato de Si /SiO$_2$ (1-5 cm) através de uma técnica de micro-pipeta. O dispositivo tinha 5 mm x 5 mm de dimensão, com uma superfície de elétrodo de 1 mm x 1 mm e um espaçamento entre eléctrodos de 1 mm. Este procedimento foi utilizado para preparar cinco amostras distintas de tipos comparáveis, que foram depois secas à temperatura ambiente durante 48 horas.

Para remover qualquer resíduo, os dispositivos foram submetidos a um tratamento térmico a cinco temperaturas diferentes (50, 75, 100, 150 e 200°C).

O Pd-Ag (70%) foi revestido nas amostras com uma máscara de sombra de Al, utilizando o processo de evaporação em vácuo por feixe eletrónico (pressão da câmara: 106 mbar). Foram utilizados fios de cobre finos e pasta de prata para efetuar as ligações. A representação esquemática do dispositivo é mostrada na Fig. 2.6.

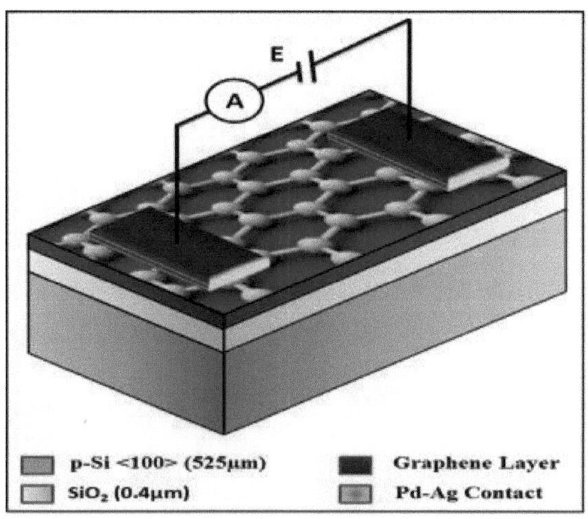

Fig. 2.6 Esquema do aparelho

2.2.4 Caracterização de nanofolhas de grafeno

A excelência das nanofolhas de grafeno (GNS) foi testada pela espetroscopia RAMAN (especificação: Espectrómetro *micro-Raman* Horiba Jobin-Yvon Lab RAMHR 800 com grelha dupla excitada por laser de 512 nm), microscopia eletrónica de varrimento de emissão de campo (FESEM, JEOL JSM- 6700F com 5 kV e 10 1 A), difração de raios X (XRD, ULTIMA-III com alvo Cu Ka (k = 1.54 Å)), espetroscopia de infravermelhos com transformada de Fourier (FTIR, espetrómetro Nicolet MagNA-IR560), espetroscopia Uv-Vis U-3010 (Hitachi, Japão) e medições AFM (Veeco, DI3100 Nanoman AFM) para estudar o tamanho das partículas, a natureza cristalina do grafeno, a morfologia da superfície e o estudo da espessura e da composição química. As análises TEM foram efectuadas com um microscópio (especificação: JEOL JEM-2010).

2.2.5 Caraterísticas eléctricas

Todas as caraterísticas eléctricas foram realizadas num banco de ensaios com um fluxo constante de N_2 (500 sccm). A amostra foi normalmente mantida no banco de ensaio durante 60 minutos antes do início do ensaio. Foi utilizado um multímetro Agilent para registar os dados de corrente-tensão (I-V) (U1252A). Esta investigação utilizou um método de sonda quente para avaliar o tipo de condutividade do GNS. Foi utilizado um sistema de sonda de quatro pontos (Jandel, RM3000) para investigar a resistência da folha de cinco amostras distintas fabricadas a temperaturas de recozimento variáveis (50, 75, 100, 150 e 200°C).

2.3 Resultados e discussões

2.3.1 Caracterização morfológica

2.3.1.1 Análise por Microscopia de Força Atómica (AFM)

A AFM foi utilizada para caraterizar a morfologia da superfície do GNS. A Figura 2.7A mostra um perfil de altura caraterístico do GNS esfoliado, moldado sobre um substrato de SiO_2 . A Figura 2.7B mostra uma imagem AFM ampliada de 5x5 µm de uma área de cerca de 50x50 µm do substrato Si/SiO_2 que aloja GNSs.

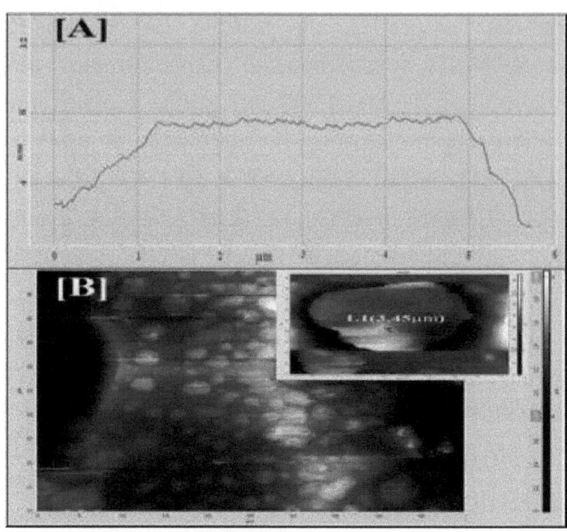

Fig. 2.7(A) Perfil de altura de uma camada de grafeno (B) Imagem topográfica AFM de grafeno esfoliado, a parte de dentro mostra uma vista ampliada do grafeno

A espessura foi medida como a variação de altura entre a superfície do grafeno e a superfície do substrato, como mostrado na Figura 2.7 (A), e sua medida é de 4,3 nm. Além disso, o coletivo GNS revela que os GNSs eram constituídos por 3 - 5 camadas, mostrando que o grafeno de poucas camadas foi sintetizado com sucesso com um mínimo de quebra.

Estes GNSs esfoliados electroquimicamente têm uma dimensão lateral de 3 a 4μm.

2.3.1.2 Estudo de Microscopia Eletrónica de Varrimento por Emissão de Campo (FESE)M

A Figura 2.8A mostra imagens FESEM de uma camada fina de grafeno esfoliada electroquimicamente. De acordo com estas fotografias, os GNSs têm uma estrutura lamelar homogénea com um tamanho lateral de até ~ 4 μm. Em comparação com resultados publicados anteriormente [28, 35], o tamanho lateral encontrado neste estudo é maior.

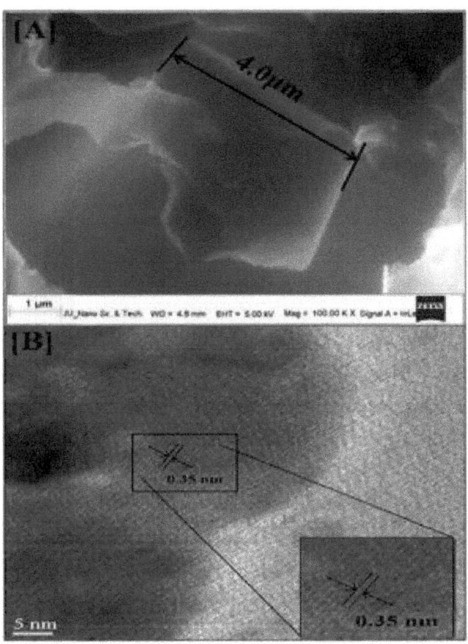

Fig. 2.8 (A) FESEM (B) Imagens TEM de nanofolhas de grafeno esfoliadas electroquimicamente

2.3.1.3   Análise por Microscopia Eletrónica de Transmissão (TEM)

As imagens TEM e a análise estatística da distância entre camadas de grafeno são apresentadas na Figura 2.8B. O TEM de alta resolução revelou uma distância entre camadas de 0,35 nm, que é superior à da grafite típica (0,335 nm).

2.3.2 Caracterização estrutural
2.3.2.1   Análise de difração de raios X (XRD)

A Figura 2.9 mostra o padrão XRD do grafeno esfoliado estudado com um difratómetro de raios X. Devido à existência de grupos funcionais de oxigénio entre as camadas de carbono, um pico agudo e potente a 26,2° especifica uma arquitetura regular (ficheiro JCPDS n.º 17-2461) e corresponde a um espaçamento basal de d002 = 0,348 nm, pretendido a partir da lei de Bragg ($n\lambda=2d\sin\theta$) que é superior ao da grafite (pico agudo a 26,6°) através de um espaçamento d de 0,335 nm e similarmente de acordo com o valor reportado [23].

Santhanam et al. [27] detectaram contaminação devido à presença de iões Cu. De acordo com o artigo, o grafeno depositado com um cátodo de cobre tem caraterísticas diferentes no XRD com 2 reflexões a 12,3°, 26,3°, 44,2°, 54,8°, 77,6° e 82,9°. O GO é responsável pelas duas primeiras reflexões. Cu (111), (200), (220), e (311), respetivamente, causam as outras quatro reflexões muito fracas. Nesta investigação, o cobre foi utilizado como elétrodo de terra e o exame XRD não revelou qualquer pico de cobre (Figura 9), mostrando que o TMAH produz complexos metálicos com iões de cobre, reduzindo as impurezas do grafeno.

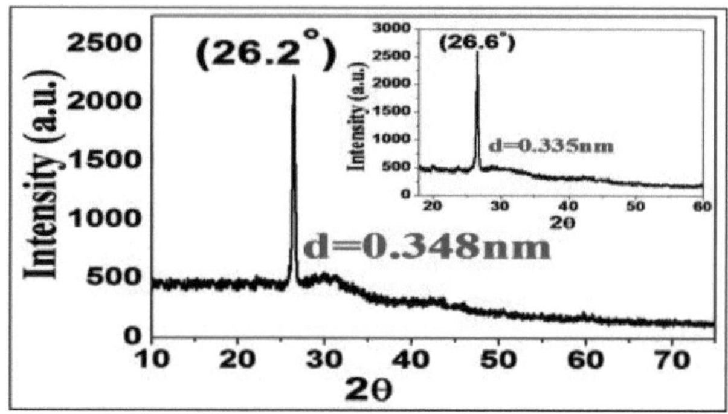

Fig. 2.9 Padrão XRD dos flocos de grafeno preparados

2.3.3 Caracterização ótica

2.3.3.1 Espectroscopia RAMAN

Os espectros Raman são utilizados para determinar a cristalinidade e a quantidade de camadas de grafeno num material. Os espectros Raman dos GNSs são apresentados na íntegra na Figura 2.10. Foram encontrados dois picos significativos distintos, correspondentes às bandas D e G, a 1343 cm^{-1} e 1580 cm^{-1} , respetivamente, o que é consistente com o valor indicado [36]. A linha D é criada pela desordem estrutural do grafeno, que é maioritariamente causada por deslocações superficiais de GNS depositadas no substrato. A banda D mais larga indica que existem mais camadas de grafeno. O modo vibracional E_2 g dá origem à banda G, que é causada pelo estiramento das ligações C-C em átomos de carbono com ligações hexagonais hibridizadas sp^2 . Nos espectros, existe igualmente uma banda 2D a 2679 cm^{-1} , demonstrando a produção de grafeno multicamada (MLG) com defeitos intersticiais. A banda G (FWHM ~60 cm^{-1}) é bastante nítida. O grau de hibridação sp^2 é proporcional ao rácio I /I$_{2DG}$ (rácio do pico entre as bandas 2D e G). I /I$_{2DG}$ é 0,85 neste exemplo, indicando a síntese de grafeno multicamada [37]. A produção de grafeno monocamada é confirmada por I /I_{2DG} ≥2.

Uma vez que a camada de grafeno e o substrato têm propriedades de expansão térmica diferentes, o desvio da localização do pico em relação ao perfeito indica a deformação causada na camada de grafeno durante a elevada temperatura de recozimento do substrato. Ao estudar a posição do pico 2D nos espectros Raman, é possível determinar o tipo de portadores de carga presentes na camada de grafeno. Uma deslocação para azul da localização do pico 2D implica dopagem do tipo p, enquanto uma deslocação para vermelho mostra dopagem do tipo n, de acordo com vários investigadores [38]. A presença de um pico 2D a 2690 cm^{-1} , 2700 cm^{-1} confirma a pureza do grafeno. O presente trabalho mostra que o grafeno é condutor do tipo n porque a posição atual do pico 2D é 2679 cm^{-1}.

Além disso, o rácio da intensidade da banda D para a banda G (I /I_{DG}) é utilizado para localizar falhas na amostra e, se for inferior a 1, os defeitos são visíveis. Neste caso, é de 0,3, o que indica que existem menos defeitos na camada de grafeno.

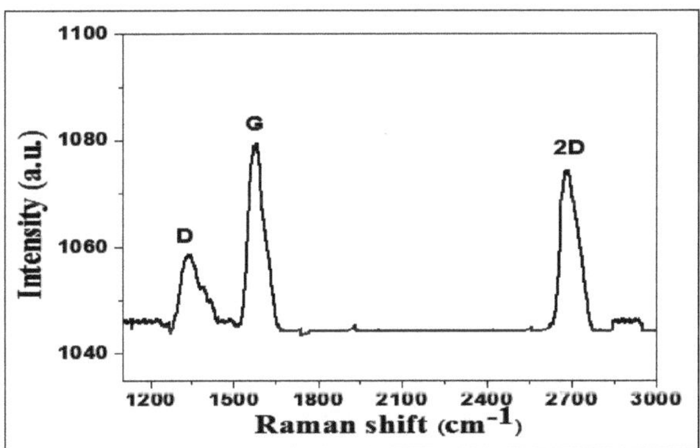

Fig. 2.10 Espectros Raman (excitados por laser de 512 nm) de GNS

2.3.3.2 Análise por espetroscopia de infravermelhos com transformada de Fourier (FTIR)

Os espectros FTIR dos GNS produzidos nestes processos são apresentados na Figura 2.11A, indicando a existência do ião OH⁻ de carga negativa no grafeno esfoliado, que é responsável pela separação da camada de grafite da parte maior. Um pico grande e largo a 3446 cm^{-1} demonstrou a presença de vários tipos de funções de oxigénio nos GNSs.

Os GNSs têm uma vibração de extensão que está relacionada com os grupos de C-OH. A companhia de grupos C-OH indica a presença de radicais OH⁻ no grafeno esfoliado. Os anéis de benzeno são responsáveis pelas bandas de absorção a 1629 cm⁻¹ e 2920 cm⁻¹ . O CO carboxílico é responsável pelo sinal de forte intensidade a 1020 cm⁻¹ .

2.3.3.3 Análise Uv-Vis

Foi utilizado um espetrofotómetro U-3010 para a espetroscopia UV-Vis (Hitachi, Japão). Os espectros de absorção UV-Vis do GNS são apresentados na figura 2.11B. À temperatura ambiente, os espectros de absorção nas regiões de 200-800 nm foram adquiridos utilizando espectrómetros. As amostras UV-Vis eram constituídas por suspensões de GNS em DMF, servindo o DMF puro como controlo. A 230 nm, observa-se o máximo de absorção, que está relacionado com a transição π-π^* das ligações C-C aromáticas.

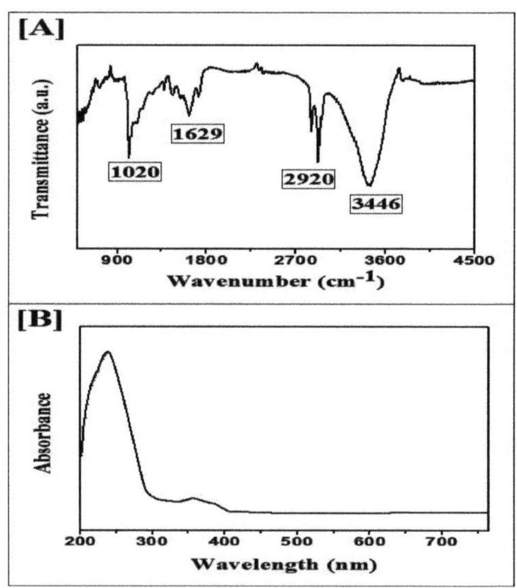

Fig. 2.11 (A) Espectro FTIR de GNs, (B) Espectro UV-vis de GNs em DMF

2.3.4 Caracterização eléctrica

2.3.4.1 Método da sonda quente

Para determinar o tipo de condutividade do GNS, é sempre utilizado o método de caraterização por sonda quente. Ao seguir apenas os portadores de carga maioritários, esta é a forma mais fácil de determinar se o semicondutor é do tipo n ou do tipo p. A experiência é realizada tocando uma das saídas com uma sonda quente, como um ferro quente, enquanto a outra é deixada em paz. O terminal positivo do medidor é ligado ao terminal aquecido, enquanto o terminal negativo é ligado ao terminal frio. Se o semicondutor for do tipo n, formar-se-á uma tensão positiva no medidor quando a corrente passa, e vice-versa. A tensão positiva no medidor, neste estudo, confirma a criação de grafeno do tipo n. A Figura 2.12 mostra o método de caraterização por sonda quente.

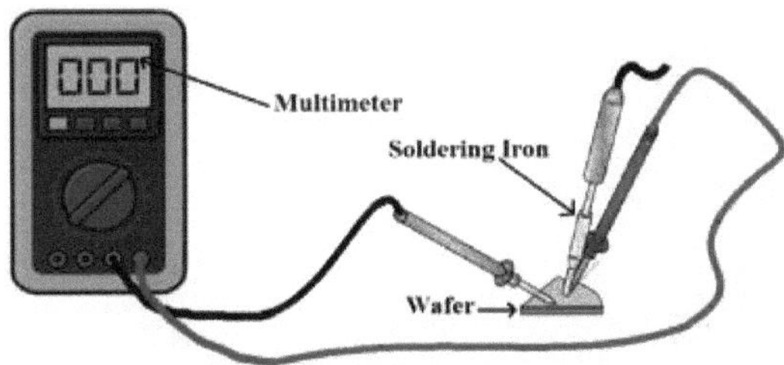

Fig. 2.12 Método de caraterização por sonda quente

2.3.4.2 Resistência da folha

Devido às diferentes dimensões e formas das folhas, um aumento da temperatura de recozimento faz com que os GNSs se combinem e produzam diversas junções entre folhas. A condução eléctrica da camada de grafeno é grandemente favorecida por esta junção entre folhas. A alteração da resistência da folha em função da temperatura de recozimento pode ser observada na Figura 2.13 (A). Foi utilizado na experiência um sistema que consiste numa sonda de quatro pontos. Observou-se que a amostra desenvolvida tinha uma resistência de folha de 7,08 K/sq quando recozida a 50° C, com um decréscimo considerável no valor, e verificou-se que era de ~1,38 K/sq a 200° C. A resistência de folha começa a diminuir por volta de 50° C, muito provavelmente devido ao início do processo de recristalização, e é drasticamente reduzida a 200° C devido à redução das falhas estruturais (funções residuais) existentes no filme. À medida que a temperatura aumenta, a taxa de redução da resistência da folha acelera no início e depois abranda.

2.3.4.3 Caraterísticas I-V

Quando comparada com a técnica mais comum de produção de grafeno, que requer muitos processos, incluindo a oxidação da grafite com redução a altas temperaturas, a qualidade eléctrica do grafeno esfoliado é excelente. A condutividade do GNS pode ser facilmente regulada através do controlo cuidadoso da temperatura do tratamento térmico (50 C-200°° C) na atmosfera de N_2 durante 30 minutos cada. A condutividade das nanofolhas de grafeno é apresentada na Figura 2.13 (B) para cinco temperaturas de recozimento diferentes e cinco tensões de polarização diferentes (1-5 V). Com temperaturas de recozimento mais elevadas, obtém-se um aumento da condutividade e, consequentemente, da qualidade da película. A elevada condutividade do GNS é atribuível às camadas de grafeno bem compactadas, criadas pela eliminação das funções residuais, bem como à morfologia da folha bem alinhada na direção do plano.

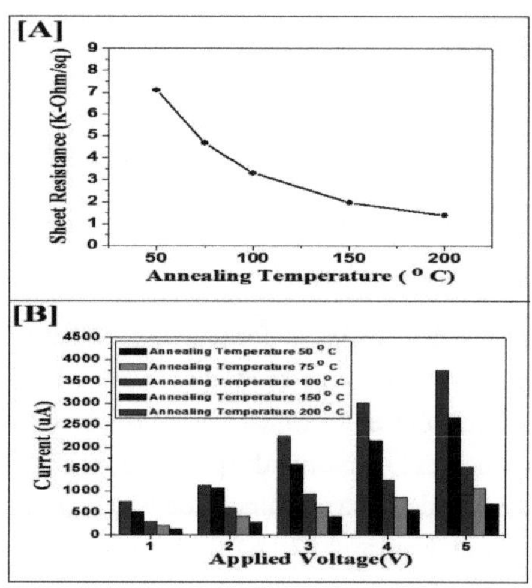

Fig. 2.13 (A) Alterações da resistência da folha em função da temperatura de recozimento (B) Caraterísticas I-V do grafeno a várias temperaturas de recozimento

2.4 Conclusão

A esfoliação eletroquímica de blocos de carbono num eletrólito orgânico produziu grafeno multicamada (TMAH). O ânodo/cátodo era um bloco de carbono, enquanto o elétrodo de terra era de cobre. O espetro Raman, que se baseia na incidência de ressonâncias múltiplas devido à existência de carbonos hibridizados sp^2 no grafeno, foi utilizado para confirmar as camadas de grafeno. Os picos RAMAN visíveis "D", "G" e "2D", cuja proporção foi utilizada para calcular o número de camadas (multicamadas neste caso), e cuja posição foi utilizada para determinar o tipo de condutividade do grafeno.

A distância entre camadas do grafeno multicamada foi estudada utilizando a caraterização TEM. O espaçamento basal (0,343 nm) das diferentes camadas de carbono no GNS foi determinado utilizando XRD, que é outro método para determinar a presença de diferentes grupos funcionais na folha de carbono. De acordo com a caraterização Raman, a investigação AFM valida a produção de grafeno multicamada com excelente qualidade de superfície e comprimentos laterais de 3-4 µm. Utilizou-se o drop casting de solução DMF/grafeno para depositar GNS em Si/SiO$_2$ como substrato.

A eliminação de funcionalidades residuais do GNS aumentou a condutividade do grafeno esfoliado após o recozimento a cinco temperaturas diferentes.

Este estudo mostra um método simples para fabricar GNSs de melhor qualidade, económicos e escaláveis, abrindo caminho para dispositivos de deteção de gás da próxima geração com propriedades de sensor melhoradas.

Referências

[1]   Roy, S, Sarkar, C K., Sensing with Graphene, MEMS and Nanotechnology for Gas Sensors, primeira edição, CRC press, EUA, 2015.

[2]   Su CY, Lu AY, Xu Y, Chen FR, Khlobystov AN, Li LJ. Filmes finos de grafeno de alta qualidade a partir de esfoliação eletroquímica rápida, ACS Nano, 2011, 5, 2332-2339.

[3]   Reina A, Jia X, Ho J, Nezich D, Son H, Bulovic V, Dresselhaus MS, Kong J , Large area few-layer graphene films on arbitrary substrates by chemical vapor deposition, Nano Lett., 2008, 9, 30-35.

[4]   Chae S J, Güneş F, Kim K K, Kim E S, Han G H, Kim S M, Shin H J, Yoon S M, Choi J Y, Park M H, Síntese de camadas de grafeno de grande área em substrato de poli-níquel por deposição de vapor químico formação de rugas, Adv. Mater., 2009, 21, 2328-2333.

[5]   Lee S Y, Kim J M, Kim K S, Ahn J H, Kim P, Choi J Y, Hong B H, Large-scale pattern growth of graphene flms for stretchable transparent electrodes, Nature, 2009, 457, 706-710.

[6]   Li X, Cai W, An J, Kim S, Nah J, Yang D, Piner R, Velamakanni A, Jung I, Tutuc E, Banerjee S.K, Colombo L, Ruoff R.S, Large-

area synthesis of high-quality and uniform graphene films on copper foils, Science, 2009, 324, 1312-1314.

[7]   Souibgui M, Ajlani H, Cavanna A, Oueslati M, Meftah A, Madouri A, Estudo Raman da heteroestrutura bidimensional recozida de grafeno em nitreto de boro hexagonal, Super-redes e Microestruturas , 2017, 112, 394-403.

[8]   Liu J, Notarianni M, Will G, Tiong V T, Wang H, Motta N, Grafeno esfoliado electroquimicamente para filmes de eléctrodos: efeito da espessura dos flocos de grafeno na resistência da folha e nas propriedades capacitivas, Langmuir, 2013, 29, 13307-13314.

[9]   Mc.Allister M J, Li J.L, Adamson D H, Schniepp H C, Abdala A A, Liu J, Margarita X O, Alonso H, Milius D L, Car R, Prudhomme R K, Aksay I A, Single sheet functionalized graphene by oxidation and thermal expansion of graphite, Chem. Mater., 2007, 19, 4396-4404.

[10]   Stankovich S, Dikin D A, Dommett G H B, Graphene-based composite materials, Nature, 2006, 442, 282-286.

[11]   Stankovich S, Dikin D A, Piner R D, Kohlhaas K A, Kleinhammes A, Y. Wu Y Jia, Nguyen S B T, Ruoff R S, Synthesis of graphene-based nanosheets via chemical reduction of exfoliated graphite oxide, Carbon, 2007, 45, 1558-1565.

[12]   Stankovich S, Piner R D, Chen X, Dispersões aquosas estáveis de nanoplaquetas grafíticas através da redução de óxido de grafite esfoliado na presença de poli (4-estirenossulfonato de sódio), J. Mater. Chem., 2006, 16, 155-158.

[13]   Niyogi S, Bekyarova E, Itkis M E, McWilliams J L, Hamon M A, Haddon R C, Solution properties of graphite and graphene, J. Am. Chem. Soc., 2006128, 7720-7721.

[14]   Bykkam S, Narsingam S, Ahmadipour M, Dayakar T, Rao V, Chakra S, Kalakotla S, Folha de grafeno de poucas camadas decorada por nanopartículas de ZnO para aplicação antibacteriana, Superlattices and Microstructures, 2015, 83, 776-784

[15]   Eda S G ,Lin Y Y, Mattevi C ,Yamaguchi H, Chen H, Chen I S, Chen C W , Chhowalla M, Blue Photoluminescence from chemically derived graphene oxide, Adv. Mater. , 2009, 22, 505-509.

[16]   Park S, Ruof R S, Métodos químicos para a produção de grafenos, Nat. Nanotechnol., 2009, 4, 217-224.

[17]   Wassei J K, Kaner R B, Graphene: a promising transparent conductor, Mater. Today, 2010, 13, 52-59.

[18]   Eda G, Fanchini G, Chhowalla M, Large-area ultrathin films of reduced graphene oxide as a transparent and flexible electronic material, Nat. Nanotechnol, 2008, 3, 270-274.

[19]   Green A A, Hersam M C, Solution Phase Production of Graphene with Controlled Thickness via Density Differentiation, Nano Lett., 2009, 9, 4031-4036.

[20]   Cote L J, Kim F, Huang J X, Langmuir-Blodgett Assembly of Graphite Oxide Single Layers, J. Am. Chem. Soc., 2009, 131, 1043-1049.

[21]   Li D, Muller M B, Gilje S, Kaner R B, Wallace G G, Processable aqueous dispersions of graphene nanosheets, Nat. Nanotechnol., 2008, 3, 101-105.

[22]   Chen C M, Yang Q H, Yang Y G, Membrana de óxido de grafite auto-montada em pé livre, Adv. Mater., 2009, 29, 3007-3011.

[23]   Park W K, Yoon Y, Song Y H, Choi S.Y, Kim S, Do Y, Lee J, Park H, Yoon D H, Yang W S, Esfoliação de alta eficiência de óxido de grafeno monocamada de grande área com dimensão controlada, Scientific Reports, 2017, 7, 16414.

[24]   Dreyer D R, Park S, Bielawski C W, Ruoff R S , The chemistry of graphene oxide, ChemSoc Rev., 2010, 39 , 228-40.

[25]   Gomez-Navarro C, Weitz R T, Bittner A M, Scolari M, Mews A, Burghard M, Kern K, Electronic transport properties of individual chemically reduced graphene oxide sheets, Nano Lett., 2007, 7, 3499-3503.

[26]   Yu P, Lowe S E, Simon G P, Zhong Y L, Electrochemical cxfoliation of graphitc and production of functional graphcnc, Curr. Opin. Colloid Interface Sci., 2015, 20, 329-338

[27]   Santhanam S V K, Kandlikar S G, Mejia V, Yuek Y, Processo eletroquímico para a produção de grafeno, óxido de grafeno, compósitos metálicos e substratos revestidos, pedido de patente dos EUA 20160017502,2016.

[28]   Liu N, Luo F, Wu H, Liu Y, Zhang C, Chen J, Síntese Eletroquímica Assistida por Líquido Iónico num Só Passo de Folhas de Grafeno Funcionalizadas com Líquido Iónico Diretamente a partir de Grafite, Adv. Funct. Mater, 2008, 18, 1518-1525.

[29]   Cooper A J, Wilson N R, Kinloch I A, Dryfe R A W, método de esfoliação eletroquímica de fase única para a produção de grafeno de poucas camadas através da intercalação de tetraalquilamónio, Carbono, 2014, 66, 340-350.

[30]   P Tripathi, C Patel, R Prakash, M.A. Shaz, O. N. Srivastava, Síntese de grafeno de alta qualidade através da esfoliação eletroquímica de grafite em eletrólito alcalino, arXiv preprint arXiv, (2013)1310-7371.

[31]   Parvez K, Li R, Puniredd S R, Hernandez Y, Hinke l F, Wang S, Electrochemically exfoliated graphene as solution-processable, highly conductive electrodes for organic electronics, ACS Nano, 2013, 7, 3598-606.

[32]   Liu J, Yang H, Zhen S G, Poh C K, Chaurasia A, Luo J, Uma abordagem verde para a síntese de flocos de óxido de grafeno de alta qualidade através da esfoliação eletroquímica do núcleo do lápis, RSC Adv., 2013, 3, 11745-50.

[33]   Rao K S, Senthilnathan J, Liu Y F, Yoshimura M, Papel dos iões de peróxido na formação de nanofolhas de grafeno por esfoliação eletroquímica de grafite, Sci. Rep., 2014, 4, 4237-42.

[34]   Parvez K, Wu Z S, Li R, Liu X, Graf R, Feng X, Exfoliation of graphite into graphene in aqueous solutions of inorganic salts, J. Am. Chem. Soc., 2014, 136, 6083-6091.

[35]   Rahimi T, Kavei G, Sabzkari S, Síntese eletroquímica de nanofolhas de grafeno a partir de lápis e sua aplicação antibacteriana contra Escherichia coli, Impj, 2014, 2, 14-19.

[36]   Iqbal M W, Iqbal M Z , Khan M F, Jin X , Hwang C, Eom J, Modificação das propriedades estruturais e eléctricas das camadas de grafeno por Ptadsorbates, Sci. Technol. Adv. Mater, 2014, 15, 055002 (10pp).

[37]   Nagashima K, Nara M, Matsuda J, Raman spectroscopic study of diamond and graphite in ureilites and the origin of diamonds, Meteoritics& Planetary Science, 2012, 47, 1728-1737.

[38]   Das A, Chakraborty B, Sood A K, Raman spectroscopy of graphene on different substrates and inuence of defects, cond-mat.mtrl-sci , Bull. Mater. Sci., 2008, 31, 579-584

Desenvolvimento de um eficiente sensor de gás hidrogénio à temperatura ambiente utilizando um nanohíbrido de óxido de grafeno reduzido com nanopartículas de ZnO

3.1 Introdução

Os sensores de gás baseados em semicondutores de óxido metálico são amplamente utilizados para detetar numerosos gases tóxicos e inflamáveis devido à sua técnica de síntese simples, baixo custo, variedade de formas e eletrónica de medição simples. O óxido de zinco (ZnO, Eg= 3,3 eV a 300 K) tem sido extensivamente estudado como um semicondutor típico de intervalo de banda larga do tipo n para a deteção de uma variedade de gases explosivos, especialmente o hidrogénio, um gás extremamente inflamável encontrado em fábricas de produtos químicos, minas de carvão e no sector petrolífero. O desempenho do ZnO em termos de deteção é função da sua temperatura de funcionamento. A camada de depleção que se forma em torno dos limites do grão de ZnO impede o transporte de electrões, o que faz com que a capacidade de resposta e a estabilidade do sensor sejam afectadas. Para melhorar o desempenho da deteção de H_2 , foram utilizadas muitas abordagens, incluindo a inserção de nanoestruturas 1D, como nanotubos e nanobastões [2]. Outra nova estratégia envolve a utilização de nanohíbridos de óxido metálico e carbono, uma vez que estes fornecem uma quantidade significativa de energia de ativação, necessária para iniciar a oxidação de gases redutores à temperatura ambiente. Nos sensores de deteção de H_2 , as nanoestruturas de carbono parecem ser um método potencial.

"O grafeno é uma estrutura bidimensional unicamada de átomos de carbono com uma estrutura hexagonal em favo de mel que possui numerosas propriedades exclusivas, contendo uma grande área de superfície (2630 m^2 g^{-1}), elevada mobilidade de portadores à temperatura ambiente (B10 000 cm^2 V^{-1} s^{-1}) e excelente condutividade térmica (3000-5000 W m^{-1} K^{-1})" [3].

Devido à sua elevada condutividade e forte cinética de adsorção de gás, a sensibilidade descoberta no grafeno puro é insuficiente e a capacidade de recuperação é fraca à temperatura ambiente. Muitos investigadores têm-se dedicado a várias tarefas para examinar as caraterísticas semimetálicas do grafeno e descobriram que a baixa resistividade do grafeno representa um desafio significativo para o desenvolvimento de sensores de gás.

O grafeno e os seus derivados, como o óxido de grafeno (GO) e o óxido de grafeno reduzido (rGO), têm sido os recursos de carbono mais estudados no domínio dos sensores de gás. As suas capacidades melhoradas de transporte de electrões, a maior adsorção de moléculas de gás e a superior relação sinal/ruído tornam-nos ideais para a deteção de gases. Além disso, as imperfeições no rGO funcionam como locais de dispersão, impedindo a transmissão de cargas ao reduzir o caminho livre médio dos electrões entre os átomos. Como podem funcionar à temperatura ambiente, reduzem o consumo de energia e aumentam a seletividade [4].

Devido às suas caraterísticas químicas e físicas de suporte, tais como uma ampla área de superfície, elevada mobilidade e estabilidade química, o rGO tem sido utilizado para hibridar óxidos metálicos nanoestruturados [1, 3].

Ao diminuir a energia de ativação e a entalpia para a adsorção de moléculas de gás, a hetero-junção formada na interface entre a camada de óxido metálico e as nanofolhas de rGO melhora a resposta de deteção.

De acordo com uma revisão da literatura [5-11], a incorporação da estrutura nanohíbrida rGO-ZnO, quer em camadas distintas, quer como compósito, melhorou significativamente o desempenho de deteção do nanocompósito rGO-ZnO em relação ao H_2 e a outros gases redutores a uma temperatura óptima, proporcionando um fluxo ilimitado de electrões entre si.

Zain et al. "relataram sobre NFs compostas de ZnO carregadas com rGO e NFs compostas de SnO_2 carregadas com rGO que foram sujeitas a gás H_2 a uma concentração de 10 ppm a temperaturas de 400° C" [5]. A 400 °C, as NFs de rGO-ZnO apresentaram respostas mais fortes do que as NFs de SnO_2 carregadas com rGO com 10 ppm de H_2.

Vardan et al. [6] criaram uma estrutura híbrida num substrato de alumina utilizando GO e ZnO. A resposta dos compósitos rGO/ZnO a NO_2 e H_2 foi 40-50% melhor do que a dos sensores de ZnO puro, como demonstrado. No entanto, uma desvantagem desta técnica é o facto de ser incompatível com a tecnologia de desenvolvimento CMOS normal.

Do mesmo modo, Dongzhiet al. "descreveu um arranjo híbrido de ZnO/ rGO produzido hidrotermicamente e a sua utilização como sensor de gás metano" [7]. A temperaturas tão baixas como 190° C, o sensor demonstrou uma excelente repetibilidade, um tempo de resposta-recuperação rápido (30s e 40s) e uma boa seletividade. No entanto, o trabalho utilizou um microaquecedor de Ni-Cr incorporado, o que exigiu procedimentos de fabrico adicionais.

"Kanika et al. criaram também um nanocompósito de grafeno/óxido de zinco (ZnO) num substrato de alumina através da redução in situ de acetato de zinco [Zn (CH$_3$ COO)$_2$ (H$_2$ O)$_2$]e óxido de grafeno (GO) durante o refluxo. Com 1,2% em peso de grafeno/compósito de ZnO, a melhor deteção (3,5%) foi descoberta a 200 ppm de concentração de hidrogénio e 150° C de temperatura de trabalho" [8]. Esta invenção é mais uma vez prejudicada por problemas de compatibilidade com CMOS.

Vijendra e seus colegas [9] relataram um sensor de ZnO dopado com Ni com um (rGO). Foi utilizada a pulverização catódica por radiofrequência para produzir nanoplacas de ZnO dopadas com Ni e o método de Hummer para produzir rGO. Com 100 ppm de hidrogénio e uma temperatura de trabalho razoável (150 °C), foi observada uma magnitude de resposta de 63,8%. O trabalho requer uma configuração laboratorial sofisticada, bem como um processo de deposição de grafeno a alta temperatura.

A influência do rácio ZnO/GO no desempenho de deteção de sensores de gás NO$_2$ foi investigada por Hsin-Ying et al. [10]. A sensibilidade à temperatura ambiente, o tempo de reação e o tempo de recuperação foram de 47,4 %, 6,2 minutos e 15,5 minutos, respetivamente, com rácios óptimos de 0,08, em comparação com 19,0 %, 10,3 minutos e 75,9 minutos para sensores de NO$_2$ baseados em rGO a 100 ppm. No entanto, em comparação com os sensores tradicionais, os tempos de resposta/recuperação são extremamente longos.

Dongzhiet. al. [11] também desenvolveu um sensor de gás hidrogénio que detecta o hidrogénio através de uma abordagem hidrotérmica. Como material de deteção, utilizaram um procedimento de síntese hidrotérmica para depositar um híbrido ternário de óxido de paládio-estanho-dissulfureto de molibdénio (Pd-SnO /MoS$_{22}$). A 5000 ppm, o sensor teve uma resposta relativamente baixa (18%) e um tempo de resposta e recuperação considerável.

"À temperatura ambiente, Singh et al. afirmam que o grafeno luminoso funcionalizado com ZnO funciona como um sensor de gás eficiente, com o rGO a atuar como uma malha altamente condutora durante a deteção de gás" [12]. De um modo geral, nenhum destes esforços se centra na deteção de gás à temperatura ambiente, mas sim na dopagem para melhorar a sensibilidade e a seletividade [7-9].

A seletividade de um sensor é outro atributo fundamental a ter em conta na validação de um sensor, tendo sido utilizadas várias formas de a melhorar até à data. Para melhorar a seletividade do sensor para um gás específico, pode ser aplicada a funcionalização da superfície de um metal nobre (Pt., Pd) ou a sensibilização eletrónica ou química [13]. Do mesmo modo, a seletividade pode ser melhorada utilizando um metal catalítico (Ni, Cu). Outras estratégias para melhorar a seletividade incluem a utilização de heteroestruturas de óxido e a ajuda térmica com iluminação UV [14].

Tal como demonstrado por Favier e colaboradores [15], o metal nobre Pd com dimensões reduzidas e uma relação superfície/volume melhorada pode ter um comportamento maravilhoso. De acordo com as suas descobertas, um sensor de H_2 com um mecanismo de junção de rutura baseado em meso-fios de Pd bem ordenados pode alcançar uma maior sensibilidade e seletividade, uma resposta mais rápida e um consumo de energia reduzido. A noção baseia-se no fecho e abertura reversíveis de fendas nanoscópicas. Mostraram também que o processo único de rutura de junção do sensor de mesofios de Pd lhe confere uma elevada seletividade para H_2 em relação a O_2 , CO e CH_4 .

Um avanço na família dos sensores de gás é um nanocompósito de óxido metálico contendo grafeno. "Song e colaboradores relataram a síntese coloidal, numa única etapa, de nanocompósitos de fio quântico de SnO_2 /óxido de grafeno reduzido como sensores de gás selectivos para H_2 S com deteção" [16]. A grande seletividade para o H_2 S em comparação com o NO_2 , o SO_2 , o NH_3 e o vapor de etanol é confirmada pelos nanocompósitos SnO_2 /rGO altamente dispersos e cristalinos.

Consequentemente, devido à cinética lenta de adsorção-dessorção, a implementação de um sensor de gás à temperatura ambiente com uma magnitude de resposta significativa é bastante difícil. Por conseguinte, a redução da energia de ativação para um sensor de gás à temperatura ambiente deve ser uma prioridade máxima.

Até à data, foram documentados vários procedimentos sintéticos para a preparação do grafeno e dos seus derivados, incluindo o método Hummers, a esfoliação da grafite por oxidação, intercalação e/ou sonicação. A deposição química de vapor (CVD) pode produzir grandes áreas de grafeno, mas o procedimento é difícil e não garante a remoção total do catalisador do substrato. A esfoliação eletroquímica do grafeno (rGO) é bastante simples e direta [17]. Além disso, obtém-se um grande número de grupos reactivos que contêm oxigénio, que podem ser utilizados para posterior funcionalização. Com estes benefícios adicionais, é desejável utilizar este processo para criar nanocompósitos sem a utilização de componentes funcionais adicionais.

O objetivo deste trabalho foi apresentar um nanohíbrido rGO-ZnO NPs com o objetivo de melhorar o comportamento de deteção de gás à temperatura ambiente. A esfoliação eletroquímica, um processo químico húmido de dois passos, foi utilizada para criar o híbrido. O desempenho de deteção de gás do dispositivo foi avaliado utilizando hidrogénio como espécie de teste (intervalo de concentração de 100 -10000 ppm). A 100 ppm, foi obtido um resultado de deteção de gás à temperatura ambiente, com um tempo de recuperação rápido (47,09 s) e um tempo de resposta (21,04 s) com uma magnitude de resposta elevada (484,1%). Com a utilização de um diagrama de bandas de energia, foi registado um possível mecanismo de deteção. A Tabela 3.1 é um resumo rápido das principais investigações anteriores.

Quadro 3.1
Autores anteriores afirmaram que parâmetros-chave foram monitorizados utilizando sensores de gás baseados em nanohíbridos de rGO - ZnO NPs.

Nanohíbrido Estrutura	Gás alvo	Funcionamento Temp. (°C)	Gás de teste Conc. (ppm)	Resposta Ou sensibilidade	Resposta /recuperação tempo (s)	Ref.
rGO/ZnO Nano fibras	H_2	400	10	$R_a / R =_g$ 2524	-/-	[5]
rGO/ZnO Nano partículas	H_2	250	500	$(G_g - G_a)/$ $G_a \times 100 = 30\%$	-/-	[6]
rGO/ZnO Nano hastes	CH_4	190	1000	12.1%	<30 / 40	[7]

ZnO/rGO	H_2	150	200	$R/R_{rg} = 3,5\%$	22/ 90	[8]
rGO/Ni dopado ZnO	H_2	150	100	$(R_a - R_g)/$ $R \times 100_a$ 63.8%	28/-	[9]
ZnO/rGO	$NÃO_2$	RT	100	$(G_g - G_a)/$ $G \times 100_a$ 47.4%	372/ 930	[10]
Pd-SnO /MoS$_{22}$	H_2	RT	5000	$(R_a - R_g)/$ $R_a \times 100 =$ 18 %	30 / 19	[11]
rGO/ZnO NPs	H_2	RT/150	100	$(R_0 - R_g)/$ $R \times 100 =_0$ 484.1%/ 36.82 %	21.04/ 47.09, 29.85/ 59.58	Present e trabalho

3.2 Experiência

3.2.1 Fabrico de dispositivos

O substrato para os sensores de gás nanohíbridos H_2 foi p-Si (100) limpo por RCA com uma resistividade de 1-5 cm (400 µm de espessura) e uma dimensão de 8 mm x 5 mm. O SiO_2 de 0,4 µm foi criado termicamente (30 minutos de oxidação a seco a 1000° C, continuada por 120 minutos de oxidação húmida) com um forno de oxidação em cima do p-Si para se tornar o substrato de p-Si revestido com SiO_2 .

A Figura 3.1 mostra um esquema pormenorizado da estrutura nanohíbrida de NPs rGO-ZnO. O dispositivo nanohíbrido de NPs de rGO-ZnO é fabricado de forma hierárquica; com (a) deposição de rGO continuada por (b) Foi utilizada uma técnica de deposição química a baixa temperatura (200° C) para criar películas de NPs de ZnO. A preparação de películas de NPs de ZnO com rGO foi previamente discutida em pormenor. [12-14].

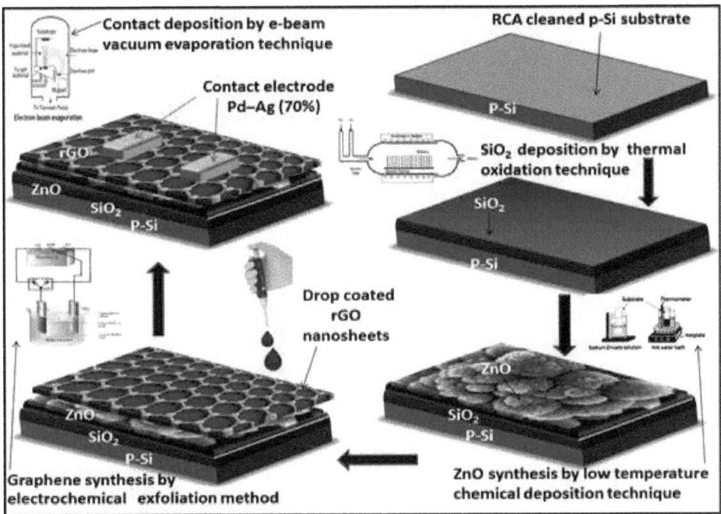

Fig. 3.1 Uma representação esquemática do processo de fabrico do dispositivo

A condutividade do tipo n do ZnO foi estabelecida através da técnica reconhecida de sonda quente, como referido noutro local [14]. A esfoliação eletroquímica assistida por líquido orgânico com hidróxido de tetrametilo e amónio (TMAH) como eletrólito orgânico foi utilizada para produzir nanofolhas de rGO. O elétrodo de terra é feito de cobre, menos dispendioso, enquanto o ânodo ou cátodo é feito de carbono.

Os rGO foram misturados em dimetilformamida (DMF), uma solução polar aprótica (1 mg/ml), e, nessa altura, lançados gota a gota sobre as películas de NPs de ZnO para utilizar uma técnica de micro pipeta (10µl de solvente). Subsequentemente, as amostras foram secas durante 48 horas à temperatura ambiente num secador a vácuo antes de serem recozidas durante 1 hora a 100° C.

Pd-Ag (70%) foi revestido nas amostras utilizando uma máscara de sombra de Al por evaporação por feixe eletrónico (pressão da câmara ~10⁻⁶ mbar) para o elétrodo de contacto (0,2 mícron). Foram utilizados fios de cobre finos e pasta de prata para efetuar as ligações.

3.2.2 Configuração da medição

A representação visual da configuração de medição de um sensor de gás é apresentada na Figura 3.2. Existem três secções na configuração. Primeiro, libertar o gás alvo no nível de concentração necessário, depois utilizar um controlador de temperatura para gerir a câmara de deteção e, finalmente, acumular os dados essenciais utilizando um registador de dados. As linhas de fluxo de gás são feitas por tubos de aço inoxidável com cilindros de gás de grau analítico, medidores de fluxo de massa (M-1000 SCCM-D, Alicat scientific) e controladores de fluxo de massa (M-50SCC M-D, Alicat scientific).

Foi utilizado um controlador de caudal mássico para controlar e monitorizar o caudal de gás (gama de caudal nominal: 100-10000 ppm). O gás de transporte foi o ar e foi mantido um caudal de 1000 ppm utilizando um medidor de caudal mássico durante toda a experiência.

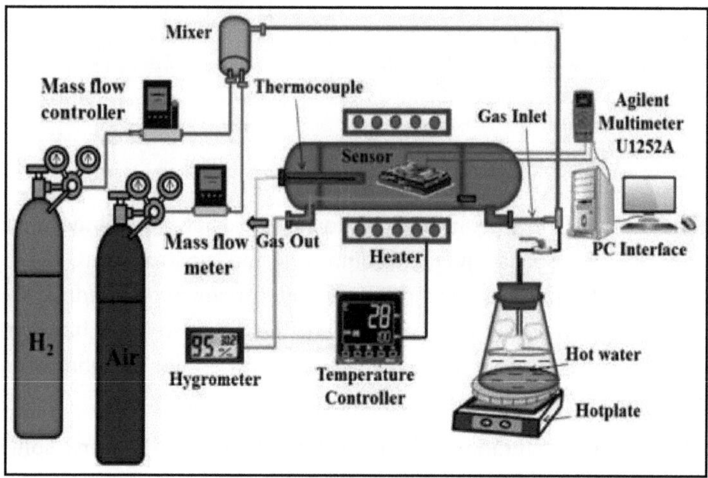

Fig. 3.2 Representação esquemática da configuração de medição do sensor H_2

Estas linhas de fluxo de ar e gás foram fundidas num misturador, e o fluxo de saída do misturador foi ligado diretamente à câmara do sensor. O controlador PID (Inkbird: ITC-100RH) para controlo da temperatura manteve uma temperatura constante na câmara de deteção (com uma zona de aquecimento contínuo de 3 cm).

Por último, a resistência do sensor foi lida por um registador de dados (Agilent GUI Data logging software [V2.0]). Apenas um multímetro de alta precisão (AgilentU1252A) serviu de interface. Com a ajuda de um PC especializado, os dados foram registados em modo de resistência contínua.

3.2.3 Cálculo

A relação foi utilizada para calcular a magnitude da resposta S [15], [16].

$$S = \frac{R_0 - R_g}{R_0} X100 \qquad (1)$$

Em que, no gás de ensaio (H_2 no ar), Rg é a resistência do sensor, enquanto que R_0 é a resistência do sensor no ar.

A percentagem necessária de humidade relativa (HR) é colocada na câmara de deteção para avaliar a influência da HR no desempenho da deteção de hidrogénio, como se mostra na Fig. 3.2. Tal como estabelecido por Das et al [22], a percentagem necessária de HR foi gerada utilizando um banho de água quente, cuja temperatura foi regulada com precisão. Foi utilizado um higrómetro digital preciso (Euro lab, 288 HTH) para verificar a concentração exacta de HR [23-25].

3.3 resultados e debates

3.3.1 Caracterização morfológica

3.3.1.1   Estudo FESEM

A Figura 3.3 (a) e (b) mostra imagens FESEM da superfície superior do mesmo, respetivamente. Pode ser determinado a partir das imagens FESEM (Microscópio Eletrónico de Varrimento; Hitachi S-4800, tensão do emissor utilizada=5 kV e corrente do *emissor=10µA*) que a Fig. 3.3 (a) mostra NPs de ZnO sobre SiO_2 . O rGO nas NPs de ZnO é apresentado na Figura 3.3. (b).

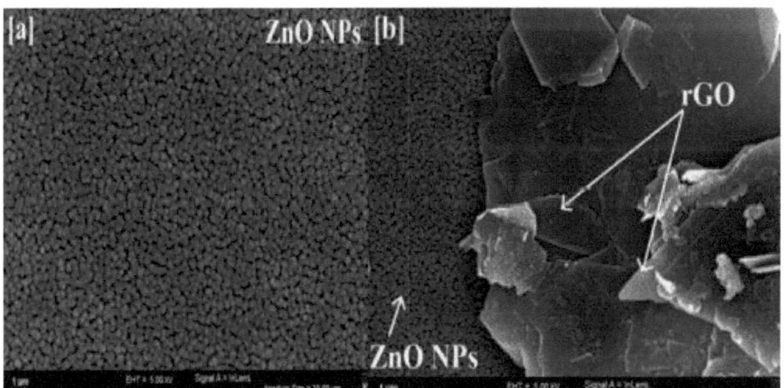

Fig. 3.3 Analisado com FESEM (a) NPs de ZnO sobre SiO_2 (b) o rGO sobre NPs de ZnO

3.3.2 Caracterização estrutural

3.3.2.1   Análise de difração de raios X (XRD)

Na análise XRD, um pico proeminente e agudo a 26,2° (do ficheiro JCPDS n.° 17-2461) mostra uma arquitetura muito bem organizada do grafeno que se sobrepõe a um espaçamento basal d002 = 0,348 nm, que é maior do que o da grafite (pico agudo a 26,6°), tal como calculado pela lei de Bragg (n = 2dsin) com um espaçamento basal d002 = 0,335 nm. Além disso, os picos de XRD com valores 2θ a 31,8°, 34,5°, 36,3°, 44,3° e 47,5° definem ainda mais a formação de ZnO com o alinhamento do eixo c privilegiado mais sólido (002), bem como certos planos de baixa intensidade (100) e (101). A Figura 3.4(a) mostra a análise XRD do ZnO e do rGO. O XRD confirma que não há Zinco metálico presente. O tamanho típico dos cristais da amostra de ZnO foi de ~55,7 nm para o plano 002, ~48,6 nm para o plano 100 e ~52,3 nm para o plano 101 (utilizando a conhecida fórmula de Scherer: $D = 0,9\lambda / (B\cos\theta)$. Mais uma amostra foi recozida a uma temperatura mais elevada (300 °C) para investigar as alterações estruturais mostradas nos espectros de XRD na Fig. 3.4. (b).Temperaturas mais elevadas resultaram em picos mais nítidos, indicando que a cristalinidade melhora com a temperatura de recozimento.Os espectros também revelaram que todas as amostras exibem uma orientação preferencial do eixo c.

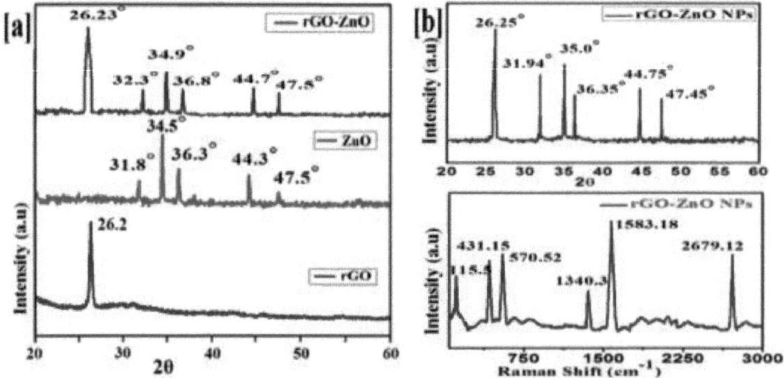

Fig. 3.4 (a) Análise XRD de rGO, NPs de ZnO e NPs de rGO-ZnO (b) Espectro Raman e estudo XRD de NPs de rGO-ZnO a 300° C de temperatura de recozimento

3.3.3 Caracterização ótica

3.3.3.1 Espectroscopia RAMAN

A Figura 3.5 mostra os espectros Raman de rGO, ZnO e rGO-ZnO. Na espetroscopia RAMAN, dois picos significativos distintos nas NPs rGO-ZnO e no próprio rGO revelaram a presença de bandas D e G a 1369 cm⁻¹ , 1562 cm⁻¹ , e 1367 cm⁻¹ , 1572 cm⁻¹ , respetivamente. Devido à tensão criada durante o recozimento e às caraterísticas variáveis de expansão térmica de cada camada, o desvio da localização do pico em relação ao ideal é inteiramente realista. A banda D indica a presença de contaminantes químicos e anomalias nos materiais.

A maior banda D indica que o número de camadas de grafeno está a aumentar. [2]A banda G é criada pelo alongamento das ligações C-C em átomos de carbono ligados hexagonalmente, e é causada pelo modo vibracional E_2 g. Uma banda 2D a 2734 cm^{-1} é também visível nos espectros; o rácio das intensidades dos picos G e 2D (I /I_{2DG}) deste gráfico é de ~2,67, confirmando a síntese de grafeno multicamada. A natureza das cargas presentes também pode ser determinada a partir da posição dos picos. De acordo com estudos anteriores, a dopagem com buracos corresponde a um desvio para a direita em relação ao ideal (2690-2700 cm^{-1}), enquanto a dopagem com electrões corresponde a um desvio para a esquerda [26]. A presença de buracos no rGO é estabelecida neste exemplo devido a um movimento no pico 2D para a direita.

Como resultado, o rGO produzido é do tipo p com defeitos nas regiões intersticiais. Além disso, a presença de picos A1 (LO), E2 (h) e E2 (l) a 574 cm^{-1} , 438 cm^{-1} e 99 cm^{-1} em ambas as estruturas rGO-ZnO NPs e ZnO NPs indicam que as propriedades da fase Wurtzite do ZnO não são alteradas pelo revestimento de rGO.

A análise da espetroscopia Raman das NPs de rGO-ZnO mostra picos D e G idênticos aos do rGO, bem como o modo de vibração caraterístico do ZnO a 438 cm^{-1} . A banda G tem um carácter pontiagudo (FWHM ~60 cm^{-1}). As NPs rGO-ZnO têm picos D e G proeminentes, mostrando que o rGO é formado com ZnO. A intensidade do pico 2D das películas de NPs de rGO-ZnO a cerca de 2734 cm^{-1} é baixa, indicando a presença de rGO multicamada. Esta descoberta provou que a adição de rGO às NPs de ZnO não teve qualquer efeito nas suas caraterísticas estruturais.

Os espectros RAMAN da amostra recozida a 300° C são apresentados na Fig. 3.4(b). A intensidade do pico 2D é utilizada para normalizar todos os espectros Raman. À medida que a temperatura aumenta, o pico 2D desloca-se para números de onda mais baixos (deslocamento para a esquerda), o que está de acordo com o comportamento do grafeno quando aquecido. Se, além disso, existirem grupos funcionais no rGO, este tornar-se-á uma substância dieléctrica. Deste modo, a melhoria da relação de intensidade provoca uma diminuição da quantidade de grupos funcionais presentes, que é produzida pela ligação do ZnO.

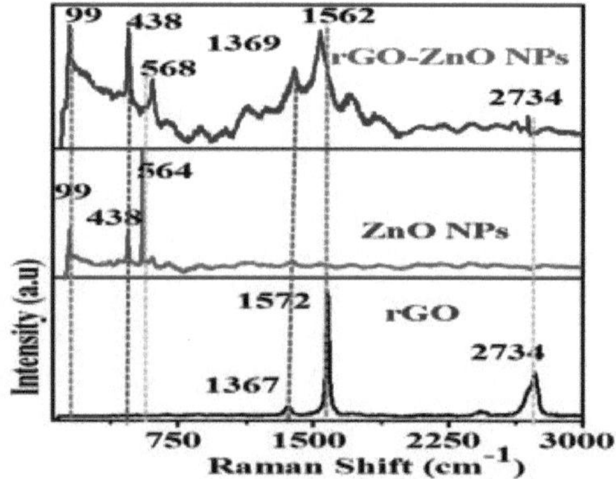

Fig. 3.5 Espectros Raman de rGO, NPs de ZnO e rGO contendo NPs de ZnO (excitados por laser de 512 nm)

3.3.3.2 Análise XPS

A análise XPS foi utilizada para confirmar a composição química das NPs de rGO-ZnO. A Figura 3.6 (a) - (c) mostra os espectros XPS das NPs rGO-ZnO revestidas por gota em substrato SiO_2 /Si. Os espectros de XPS das NPs de rGO-ZnO revelaram picos de zinco, carbono e oxigénio. Como ilustrado na Fig. 3.6 (a), o pico C 1s do carbono foi observado a 284,81 eV, confirmando a criação de uma ligação Zn-C e confirmando que o ZnO e o rGO estão quimicamente ligados. [2]"Os quatro picos separados de ligação C-C, ligação C=O, ligação C-O e ligação O-C=C de átomos de carbono são atribuídos aos espectros de carbono" [20, 27, 28].

Foram observadas duas linhas espectrais de ato duplo de picos de Zinco nas NPs de ZnO pristinas e nas NPs de rGO-ZnO, com energias de ligação de 1021,4 eV e 1021,91 eV (para $Zn2p_{3/2}$), e ~1044,7 eV e ~1044,94 eV (para $Zn2p_{1/2}$), correspondentemente, como se mostra na Fig. 3.6(b). Para ambos os casos, a diferença de energia correspondente (ΔE) foi determinada como sendo ~23,03 eV, indicando que a fase Zn2+ do ZnO foi formada [29, 2]. "Foi descoberto mais uma vez um desvio negativo nos espectros de Zn 2p, talvez relacionado com a produção de 2DEG em Zn2+ devido à presença de rGO na superfície" [2].

Como se mostra na Fig. 3.6(c), o pico de oxigénio 1s foi encontrado tanto nas NPs de ZnO limpas como nas NPs de rGO-ZnO. Nas NPs de ZnO

94

pristinas, foi observado um pico de oxigénio 1s de alta resolução a 531,73 eV, mas nas NPs de rGO-ZnO, o mesmo pico descrito existe a 531,98 eV, que é atribuído à ligação C=O. "A superfície das NPs rGO-ZnO tem um desvio negativo (menor energia de ligação), devido à elevada afinidade eletrónica do carbono e à facilidade com que o oxigénio da superfície pode interagir com o rGO, gerando um gás de electrões bidimensional (2-DEG) na superfície" [30].

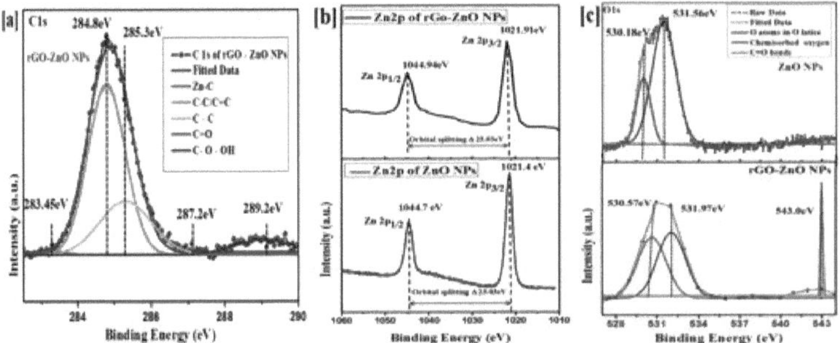

Fig. 3.6 (a-c) Espectroscopia XPS das NPs de ZnO e das NPs de rGO-ZnO; (a) as NPs de rGO-ZnO têm um pico de C(1s), (b) Zn (2p3/2 e 2p1/2) e (c) as NPs de ZnO e as NPs de rGO-ZnO têm um pico de O (1s)

3.3.4 Análise de transientes

À temperatura ambiente, a análise transiente foi utilizada para detetar a cinética rápida de adsorção-dessorção de átomos de carbono ligados a sp^2. A resistência do sensor diminuiu no ZnO puro devido à descarga de electrões livres e, nessa altura, ficou saturada, como ilustrado na Fig. 3.7 (a). A resistência melhorou e foi quase recuperada para o seu valor de referência quando o gás H_2 foi removido. A resistência do sensor baseado em NPs rGO-ZnO, por outro lado, melhorou para o mesmo nível (Fig. 3.7 (b)), verificando a condutividade do tipo p da estrutura híbrida NPs rGO-ZnO.

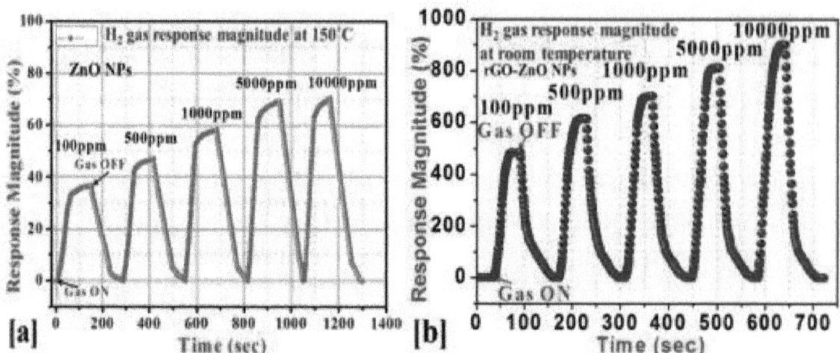

Fig. 3.7 (a) Caraterísticas da resposta transitória a 150° C (NPs de ZnO), (b) À temperatura ambiente, as caraterísticas da resposta transitória (NPs de rGO-ZnO)

3.3.5 Estudo de seletividade

A amostra foi também submetida a acetona e etanol para testar a seletividade do sensor. A Figura 3.8 mostra o desempenho de deteção de 100 ppm de hidrogénio, etanol e acetona à temperatura ambiente utilizando um sensor baseado em NPs rGO-ZnO. O desempenho de deteção do etanol (75,5%) e da acetona (51%) é inferior em percentagem quando comparado com a seletividade do hidrogénio em relação ao gás hidrogénio (484,1%)."

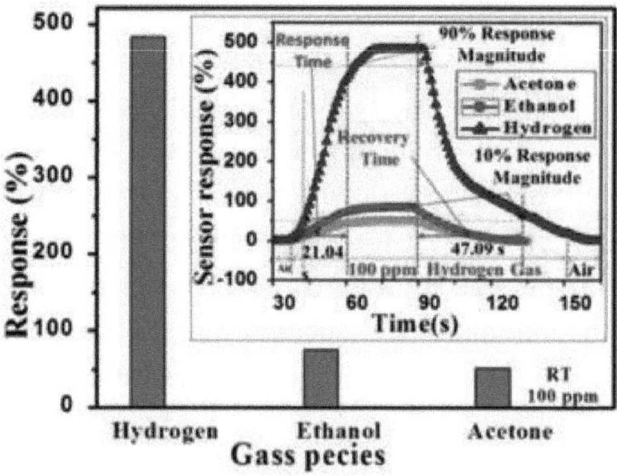

Fig. 3.8 À temperatura ambiente e a uma concentração de gás de 100 ppm, foi investigada a seletividade do sensor de gás de NPs rGO-ZnO para H₂ , acetona e etanol [A resposta do sensor de NPs rGO-ZnO para H₂ , acetona e etanol à temperatura ambiente (RT) é mostrada na inserção

3.3.6 Estudo da temperatura de funcionamento

A Figura 3.9 mostra a temperatura óptima de funcionamento do sensor de NPs de ZnO juntamente com o sensor de estrutura híbrida de NPs de rGO-ZnO. À temperatura ambiente, a estrutura nanohíbrida de rGO-ZnO atingiu uma magnitude de resposta máxima de 484,1 % em relação a 100 ppm de hidrogénio, enquanto o ZnO puro teve uma magnitude de resposta de zero %, como mostra a figura. O efeito combinado do rGO e das NPs de ZnO revela-se o mais eficaz na redução da temperatura de funcionamento e na melhoria do desempenho do sensor.

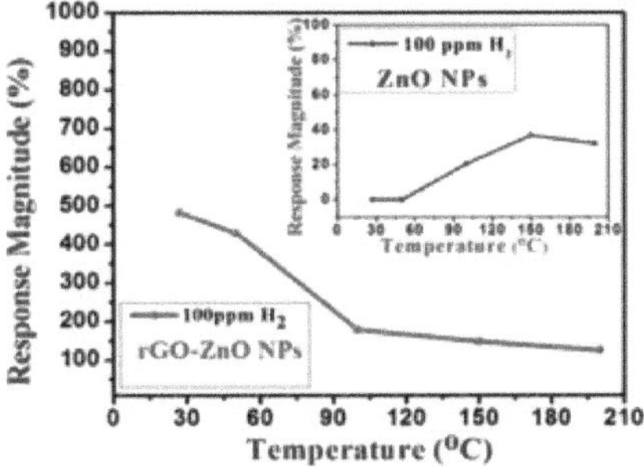

Fig. 3.9 A magnitude da resposta das NPs de rGO-ZnO em função da temperatura a uma concentração de gás de 100 ppm H₂ (a parte superior mostra as NPs de ZnO)

3.3.7 Estudo da resposta do sensor e do tempo de recuperação

A resposta e o tempo de recuperação do sensor nanohíbrido rGO-ZnO, bem como do sensor de película fina de NPs de ZnO, são apresentados na Fig. 3.10. Os desvios padrão para cada ponto de dados são indicados por barras de erro. Para determinar o resultado, foram utilizados vários impulsos de hidrogénio. O sensor de ZnO puro teve um tempo de resposta e um tempo de recuperação de 46 s e 75 s, respetivamente, enquanto o sensor de NPs rGO-ZnO teve um tempo de resposta e um tempo de recuperação de 21,04 s e 47,09 s para 100 ppm de H₂ . Em comparação com os sensores à base de ZnO puro, o sensor nanohíbrido rGO-ZnO tem um tempo de reação e de recuperação mais rápidos [5-11]. O rGO igualmente espalhado na superfície de ZnO pode atuar como uma ligação para bons electrões livres entre NPs de ZnO adjacentes, ajudando os electrões a acelerar de um elétrodo para o seguinte mais rapidamente.

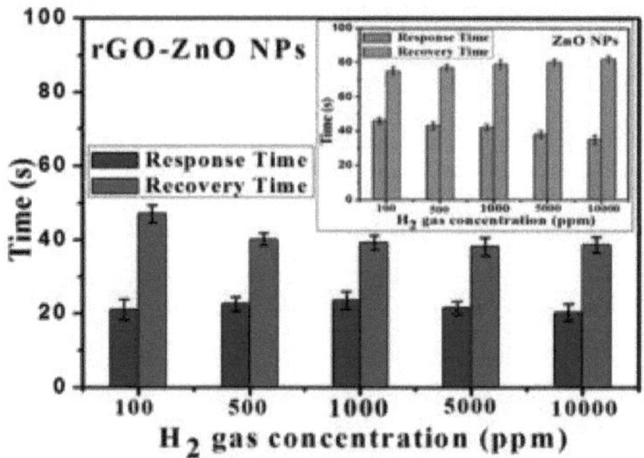

Fig. 3.10 Barra de erro do tempo de resposta e do tempo de recuperação para as NPs rGO-ZnO à temperatura ambiente em função da variação das concentrações de gás H₂ (a inserção mostra as NPs ZnO a 150° C)

3.3.8 Medição da resistência do sensor

A resistência dos sensores de ZnO puro varia entre cerca de 3,41 MΩ e 1,01 MΩ, dependendo da temperatura de trabalho (150° C), enquanto a resistência dos sensores de NPs rGO-ZnO varia entre cerca de 0,493 MΩ e 4,95 MΩ, dependendo das concentrações de hidrogénio (100 ppm-10000 ppm) à temperatura ambiente, como se mostra na Fig.3.11.

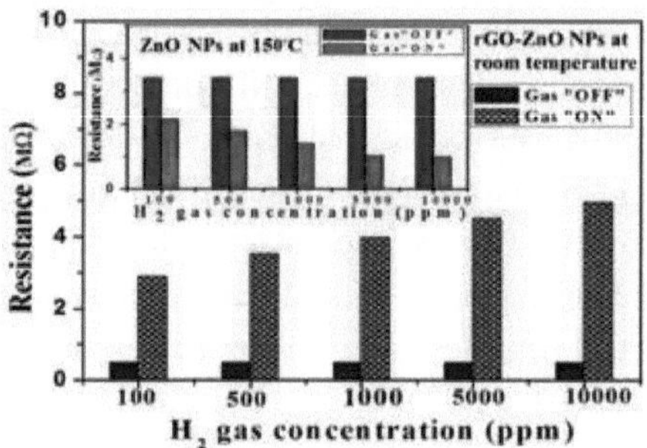

Fig. 3.11 A resistência das NPs rGO-ZnO e das NPs ZnO a concentrações variadas de gás H₂ foi estudada utilizando um diagrama de barras

3.3.9 Estudo da humidade

A influência da umidade nas capacidades de deteção do sensor rGO-ZnO NPs foi investigada à temperatura ambiente para três níveis de RH (viz. ~ 39%, ~60% e ~80%), com os resultados apresentados na Fig. 3.12. O valor de referência da resistência do sensor aumenta à medida que o nível de RH aumenta (0,493 MΩ, 0,697 MΩ e 0,879 MΩ, respetivamente, em 39% RH, 60% RH e 80% RH) [20].As magnitudes das respostas equivalentes ao hidrogénio (a 100 ppm) foram determinadas como sendo

484,1%t, 472,45% e 454,03%, respetivamente. Quando a UR é aumentada para 80% ou mais, o grupo hidroxilo na superfície do ZnO cobre a maioria dos locais de adsorção, reduzindo a atividade da superfície e, consequentemente, diminuindo a magnitude da resposta.

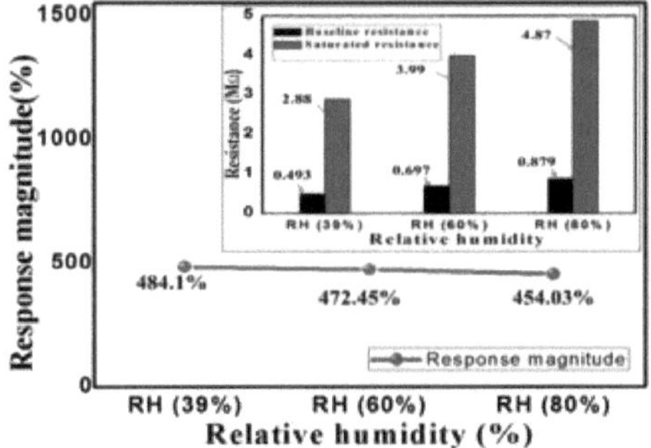

Fig. 3.12À temperatura ambiente e a **uma** concentração de gás de 100 ppm H_2 , foi investigado o efeito da humidade relativa (RH) no sensor de gás rGO-ZnO NPs.

3.3.10 Estudo de estabilidade

Como se mostra na Fig. 3.13, a estabilidade do sensor foi avaliada em 100 ppm de hidrogénio no ar durante 18 horas, seis horas por dia, ao longo de três dias à temperatura ambiente. Cada um dos 3 pontos de dados representa a medição da resposta média de 6 pontos de dados recolhidos de hora a hora ao longo do dia na presença de hidrogénio no ar. Os desvios-padrão para cada ponto de dados são indicados por barras de erro. Com 100 ppm de hidrogénio no ar, a caraterística de estabilidade reflecte uma reação bastante consistente com pouca variação em relação ao seu valor médio.

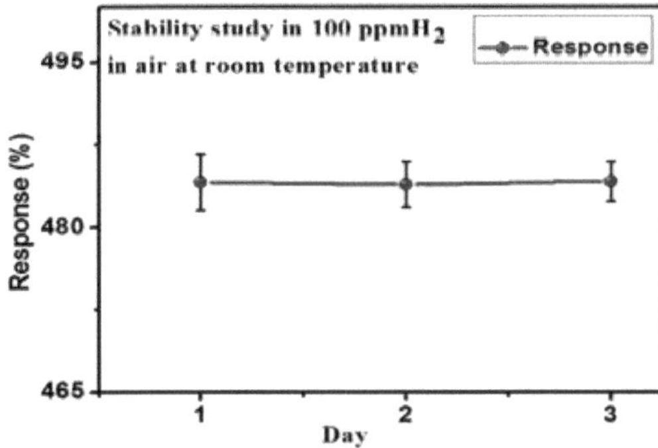

Fig. 3.13 Estudo de estabilidade da estrutura híbrida rGO-ZnO NPs H_2 sensor de gás à temperatura ambiente

3.4   Mecanismo de deteção de gás

Os impactos combinados do rGO e do ZnO, bem como as suas propriedades físicas e químicas, podem ser utilizados para explicar a deteção à temperatura ambiente do dispositivo híbrido rGO-ZnO em relação ao hidrogénio. A redução do grafeno implica a remoção das funções de oxigénio da superfície do rGO, uma vez que a sua presença pode afetar as propriedades fundamentais do material. A função de trabalho do grafeno é alterada quando a substância é reduzida.

Algumas falhas, como as vacâncias de carbono, estão presentes no rGO durante o processamento. Estas falhas acabam por deixar certos locais vazios onde os adsorventes podem ser facilmente absorvidos. Devido à sua forte reatividade e abundância na natureza, o oxigénio é um dos adsorventes mais facilmente disponíveis no ambiente. Mesmo à temperatura ambiente, as moléculas de oxigénio são adsorvidas nas superfícies metálicas e formam ligações químicas com os átomos da superfície através de forças fracas de van der Waals [2, 31 e 32].

3.4.1 Diagrama de bandas de energia da heterojunção híbrida p-rGO e n-ZnO

O desenvolvimento da heterojunção n-ZnO e p-rGO após e antes do contacto (no ar e no gás) está representado na Fig. 3.14 (a-c), o que é melhor explicado pela teoria da transferência de carga da heterojunção [33]. Como se mostra na Fig. 3.14 (a), o rGO tem frequentemente uma função de trabalho maior (4,7 eV-5,2 eV) do que o ZnO (4,6 eV). Como resultado, registou-se uma mudança dramática na capacidade de resposta do sensor. Ambos os portadores de carga se difundem um contra o outro na interface até que o nível de Fermi se achate e ocorra a flexão da banda, como se vê na Fig.3.14 (b) e (c).

Os gradientes de concentração de portadores de carga no ZnO de tipo n e no rGO de tipo p formam uma camada de depleção de dois lados à superfície, resultando num forte campo eletrostático. As forças electrostáticas quebram a molécula de oxigénio, dando origem a iões de oxigénio.

O efeito dos gases na condutividade é simples. Quando o sensor está exposto ao ar, ocorre a adsorção de oxigénio na superfície do ZnO, resultando na produção de iões (O^-, O_2^-) devido à libertação de electrões livres da superfície. Na presença de um gás redutor, os iões O_2 fazem uma ligação com os átomos do gás redutor, libertando assim um eletrão na superfície do ZnO. Como resultado do excesso de electrões, a diferença entre as bandas de condução e de valência diminui, e a altura da barreira entre as interfaces rGO e ZnO diminui. Quando a altura da barreira entre ZnO e rGO é reduzida, mais electrões fluem de ZnO para rGO.

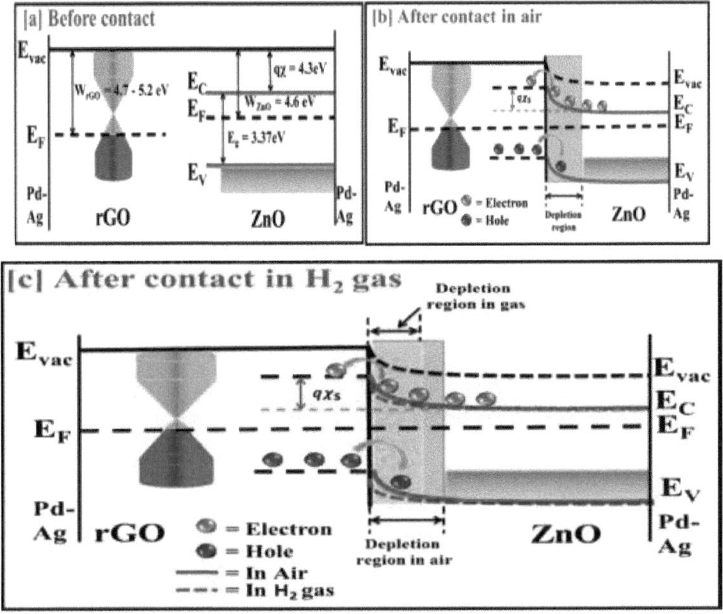

Fig. 3.14 Diagrama de bandas de energia da heterojunção híbrida de ZnO e rGO (a) antes do contacto e (b e c) após o contacto (no ar e no gás H₂)

A recombinação do par eletrão-buraco na interface p-rGO e n-ZnO é auxiliada por estes electrões extra. Como resultado, forma-se uma camada de carga espacial na interface. De acordo com a teoria convencional da junção P-N, esta camada de carga espacial provoca um aumento da resistência, como se mostra na Fig. 3.11. Quando as moléculas do gás alvo entram em contacto com os iões de oxigénio adsorvidos na superfície de ZnO, reagem para criar vapor de água. Como resultado, os electrões passam para a banda de condução, reduzindo a largura da camada de depleção. A diminuição da altura da barreira e a quantidade de electrões que podem ser transferidos de volta para a superfície de ZnO pelas moléculas do gás alvo são as principais causas do aumento da resistência do dispositivo. Devido à existência do rGO, mesmo pequenas alterações nas suas caraterísticas eléctricas podem causar uma alteração significativa. A resposta do sensor é suave em concentrações de gás mais baixas porque o contacto é menor [13].

Também pode ser utilizado um diagrama para melhor descrever a ocorrência acima referida. A Figura 3.15 (a) e (b) mostra o mecanismo de deteção de gás para o nanohíbrido p-rGO/n-ZnO na presença de ar e hidrogénio (b). A combinação de rGO com ZnO produz um sensor de hidrogénio altamente sensível com os tempos de resposta e recuperação mais curtos.

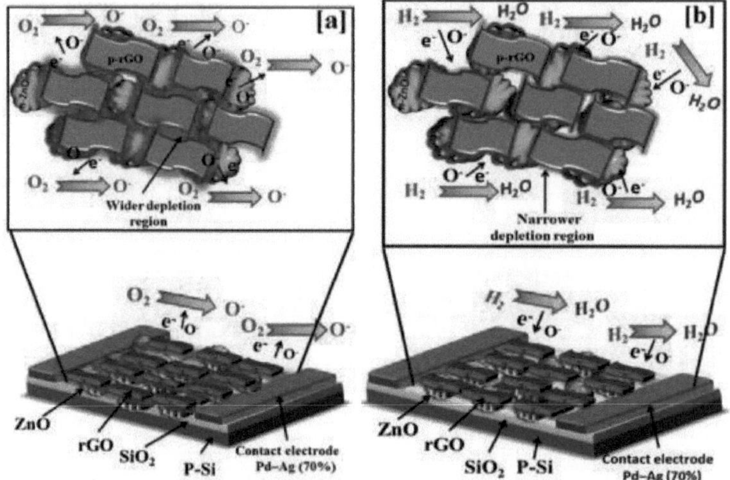

Fig. 3.15 Representação esquemática do mecanismo de deteção de gás para as NPs de ZnO e a estrutura híbrida rGO, na presença de (a) ar e (b) hidrogénio.

O fenómeno de adsorção e dessorção de oxigénio é aqui descrito em pormenor: Adsorção de oxigénio na atmosfera:

$$O_2 \, (g) \rightarrow O_2 \, (ads) \tag{2}$$

$$O_2 \, (ads) + e^- \rightarrow O_2^- \, (ads) \tag{3}$$

Na presença de hidrogénio, dessorção de oxigénio:

$$H_2 + \tfrac{1}{2} O_2^- \, (ads) \rightarrow H_2 O + e^- \tag{4}$$

Como referido na literatura, o grafeno puro não pode ser um sensor eficiente, uma vez que a presença de defeitos introduz na folha de grafeno um número significativo de sítios activos que são responsáveis pela absorção de espécies químicas de acordo com a exigência de quimisorção. A elevada magnitude de resposta do sensor nanohíbrido rGO-ZnO deve-se a este facto.

3.5 Conclusão

Esta é a primeira vez que um sensor nanohíbrido rGO-ZnO é fabricado à temperatura ambiente. A magnitude da resposta do sensor foi provavelmente aumentada devido ao maior número de locais de interação de gases. Além disso, a presença de uma flexão de banda na interface ZnO-rGO faz com que seja acelerado um maior trânsito de electrões do ZnO para o rGO. A mobilidade melhorada dos portadores do rGO também actuou como uma interligação eficiente entre as nanopartículas de ZnO vizinhas, resultando num tempo de resposta mais rápido. A inclusão de mais heterojunções p-n na interface rGO-ZnO, cada uma com um local extra de adsorção de oxigénio, explica a maior amplitude da reação. O fabrico de dispositivos nanohíbridos de deteção de gás da próxima geração, com um desempenho cada vez maior, será o resultado desta hibridação de apoio de dois elementos de deteção prósperos, as NPs de ZnO e o rGO.

Referências

[1]   D. Zhang, J. Liu, C. Jiang, A. Liu, B. Xia "Deteção quantitativa de formaldeído e gás amoníaco através de uma matriz de sensores à base de grafeno modificado com óxido metálico combinada com um modelo de rede neural", Sensors and Actuators B, v 240, p 55-65, 2017

[2]   D. Acharyya, P. Bhattacharyya, "Highly efficient room-temperature gas sensor based on TiO2 nanotube-reduced graphene-oxide hybrid device," IEEE Electron Device Lett., vol. 37, no. 5, pp. 656-659, maio de 2016.

[3]   X. Huang, X. Y. Qi, F. Boey, e H. Zhang, "Graphene-based nanocomposites, "Chem. Soc. Rev., vol. 41, no. 2, pp. 666-686, Jan. 2012.

[4]   C. Piloto, M. Shafiei,H. Khan,B. Gupta, T. Tesfamichael, N. Motta," Desempenho de deteção de híbridos WO_3 dopados com óxido de grafeno reduzido-Fe para NO_2 e umidade à temperatura ambiente "Applied Surface Science, Vol. 434, pp. 126-133, 2018.

[5]   A. Zain, W. Kim Hyoun e S. Kim Sang, "Um sensor ultrassensível de hidrogénio gasoso utilizando nanofibras de ZnO carregadas com óxido de grafeno reduzido, vol.51, pp.15418-15421, 2015

[6]   G. Vardan, C. Elisabetta, K. skandar, F. Guido e S. Giorgio," Óxido de grafeno reduzido/nanocompósito de ZnO para aplicação em sensores químicos de gás, **"SC Adv.,** vol.**6,** pp.34225-34232, 2016.

[7]   D. Zhang, N. Yin, B. Xia, "Fabricação fácil de nanocompósito híbrido de grafeno modificado com nanocristalina de ZnO para aplicação em deteção de gás metano", Ciência dos Materiais: Materiais em Eletrónica, vol. 26, pp. 5937-5945, 2015.

[8]   K. Ananda, O.S ingha, M. P.Singhb, J. Kaura e R. Chand Singha, "Hydrogen sensor based on graphene/ZnO nanocomposite", Sensors and Actuators B, vol. 195, pp.409-415, Jan, 2014.

[9]   V. S. Bhati, S. Ranwa, S. Rajamani, K. Kumari, R. Raliya, P. Biswas e M. Kumar, "Sensibilidade melhorada com baixo limite de deteção de um sensor de gás hidrogénio baseado em nanoestruturas de ZnO dopadas com Ni e carregadas com rGO", ACS Applied Materials & Interfaces, março de 2018.

[10]   H. Lee, Y. Heish, C. Lee," High sensitivity detection of nitrogen oxide gas at room temperature using zinc oxide reduced graphene oxide sensing membrane", Journal of Alloys and Compounds, Vol. 773, pp. 950-954, 2019

[11]   D. Zhang* , Y. Sun, C. Jiang, Y. Zhang," Sensor de gás hidrogênio à temperatura ambiente baseado em híbrido ternário de óxido de estanho decorado com paládio / dissulfeto de polibdênio via rota hidrotérmica", Sensores e Atuadores B: Químico, v 242, p 15-24, 2017.

[12]   G. Singh, A. Choudhary, D. Haranath, A.G. Joshi, N. Singh, S. Singh, R. Pasricha, "ZnO decorated luminescent graphene as a potential gas sensor at room temperature" Carbon, 50, 385-394, 2012

[13]   J. Zhang, X. Liu, G. Neri e N. Pinna," Nanostructured Materials for Room-Temperature Gas Sensors",Adv. Mater, 2016, 28,795-831, 2015

[14]   Q. Drmosh, A. Hendi, M. Hossain, Z.H. Yamani, R. Moqbel, A. Hezam, M. Gondal," Sensor de nanocompósito heteroestruturado rGO/ZnO decorado com ouro ativado por UV para deteção eficiente

de H2 à temperatura ambiente" Sens. Actuators B Chem., 290, 666-675, 2019

[15] R. Malik,V. K. Tomer,Y. K. Mishra, e L. Lin," Functional gas sensing nanomaterials: Uma visão panorâmica", Applied Physics Reviews 7, 021301 (2020)

[16] N. Joshi, T. Hayasaka, Y. Liu, H. Liu, O. N. Oliveira Jr, L. Lin," A review on chemiresistive room temperature gas sensors based on metal oxide nanostructures, graphene and 2D transition metal dichalcogenides",MicrochimicaActa, 185,213, 2018

[17] S. Das, C. K. Ghosh, C.K. Sarkar e S. Roy," Síntese fácil de grafeno multicamada por esfoliação eletroquímica utilizando solvente orgânico," Nanotechnology Rev 2018; vol.7 (6), pp.497-508, Out, 2018.

[18] P. Mitra, A. P. Chatterjee, & H. S. Maiti," Chemical deposition of ZnO films for gas sensors" ,Journal of Materials Science: Materials in Electronics, vol.9(6), pp.441-445, 1998.

[19] N. D. K.T u, J. Choi, C.R. Park e H. Kim," Remarkable Conversion Between n- and p-Type Reduced Graphene Oxide on Varying the Thermal Annealing Temperature", Chem. Mater, 27, 7362-7369,2015,

[20] D. Acharyya, A. Saini, P. Bhattacharyya," Influência do revestimento de rGO na melhoria da sensibilidade e seletividade do sensor de álcool baseado em nano flores de ZnO," IEEE Sens. J, vol. 18, pp.1820-1827, 2018.

[21] J. Kanungo, S. Basu e C. K. Sarkar, "Fabrico e Caracterização de Junções Hetero de ZnO/p-Si e TiO2/p-Si para Deteção de Hidrogénio - Influência da Funcionalização de Pd", IEEE Sensors Journal, Vo. 15, pp. 6954 - 6961, 2015

[22] J. Das, S.M. Hossain, S. Chakraborty, H Saha , "Role of parasitics in humidity sensing by porous silicon", Sens. Act.-A, 94, 44-52, 2001.

[23] R. Kumar, O. Al-Dossary, G. Kumar, A, Umar, "Nanoestruturas de óxido de zinco para aplicações em sensores de gás NO2: Uma revisão ", Nano-Micro Lett.,7: 97,2015

[24] A. Beniwal, P. K. Sahu, S. Sharma, "Sensor de etanol ZnO nanoestruturado operado à temperatura ambiente assistido por revestimento de spin Sol-gel com transformação de comportamento", J Sol-Gel SciTechnol, 88: 322, 2018

[25] Y. Song, F. Chen, Y. Zhang, S. Zhang, F. Liu, P. Sun, X. Yan, G.Lu, "Fabrico de sensores de dióxido de azoto à temperatura ambiente altamente sensíveis e selectivos com base nos nanofluxos de ZnO",Sensors & Actuators: B. Chemical 287,191-198, 2019

[26] A. Das, B. Chakraborty e A.K. Sood, "Raman spectroscopy of graphene on different substrates and influence of defects, "Bull. Mater. Sci., vol.31, pp. 579-584, 2008.

[27] J. Zhang, J. Wu, X. Wang, D. Zeng e C. Xie," Melhoria das propriedades de deteção de NO2 à temperatura ambiente através da formação de uma heterojunção de NiO-rGO composta por nanoplacas de SnO2". Sens. Actuators B, vol. 243, pp. 1010-1019, 2017.

[28] A. Prakash, D.Bahadur, "O papel dos electrólitos iónicos no desempenho capacitivo do nanohíbrido de óxido de grafeno reduzido a ZnO com morfologias termicamente ajustáveis", ACS Appl. Mater. Interfaces, vol. 6, pp. 1394-1405, 2014.

[29] G. Qu, G. Fan, M. Zhou, X. Rong, T. Li, R. Zhang, J. Sun e D. Chen, "Nanoestruturas de ZnO modificadas com grafeno para deteção de NO a baixa temperatura$_2$, "ACS Omega, vol. 4, pp.4221-4232, 2019.

[30] J. T. Robinson, F. K. Perkins, E. S. Snow, Z. Wei, e P. E. Sheehan, "Reduced graphene oxide molecular sensors," Nano Lett., vol. 8, no. 10,pp. 3137-3140, Sep. 2008.

[31] S. Liu, B. Yu, H. Zhang, T. Fei, T. Zhang, "Enhancing NO2 gas sensing performances at room temperature based on reduced graphene oxide-ZnO nanoparticles hybrids", Sensors and Actuators B, vol. 202, pp. 272-278, maio de 2014.

[32] V. S. Bhati, S. Ranwa, S. Rajamani, K. Kumari, R. Raliya, P. Biswas e M. Kumar, "Sensibilidade melhorada com baixo limite de deteção de um sensor de gás hidrogénio baseado em nanoestruturas de ZnO dopadas com Ni e carregadas com rGO", ACS Applied Materials & Interfaces, março de 2018.

[33] D. E. Wilcox, M. H. Lee, Sykes, A,E. Geva, B. D. Dunietz, M. Shtein e J. P. Ogilvie," Ultrafast Charge-Transfer Dynamics at the Boron Subphthalocyanine Chloride/C60 Heterojunction: Comparison between Experiment and Theory," J. Phys. Chem. Lett., vol. 635, pp. 69-575, 2015.

Capítulo 4

Desenvolvimento de um sensor de gás hidrogénio à temperatura ambiente baseado na heterojunção n-ZnO/p-rGO para melhoria do desempenho

4.1 Introdução

Os óxidos metálicos em nanoescala deixaram uma marca indelével no domínio da deteção de gases. "As nanoestruturas com orientação no eixo C, como os nanobastões (NR) e os nanotubos, têm um mérito significativo devido à sua cinética regulada de transporte de electrões 1-D e à sua maior energia de superfície livre" [1-3]. Devido à sua cinética de adsorção-dessorção lenta, é difícil criar um detetor de gás à temperatura ambiente com uma grande magnitude de resposta (RM). Os sensores de gás baseados em grafeno demonstraram recentemente uma condutividade eléctrica extremamente elevada e um tempo de resposta muito curto. No entanto, devido à baixa resistividade e densidade de defeitos do grafeno puro, este não é uma boa opção para a deteção à temperatura ambiente [4].

O grafeno e o seu derivado, o óxido de grafeno reduzido (rGO), abriram caminho para a próxima geração de sensores de gás, ultrapassando o estrangulamento acima referido.

Na família dos sensores de gás, a hibridização de rGO, como ZnO NRs-rGO, é um nanohíbrido bem estabelecido [5], [6]. Ao estabelecer uma heterojunção (n-ZnO/p-rGO) entre as NRs de ZnO vizinhas, o rGO fornece um traço contínuo para a entrega de portadores de vários locais de interconexão de gás. A redução da energia de ativação nos sensores de gás deve-se ao campo eletrostático gerado na região de carga espacial [7].

Esta carta descreve uma forma simples de produzir nanohíbridos ZnO NRs-rGO utilizando um método de deposição por banho químico e um método sol-gel [8], [9]. Foi utilizada uma abordagem de esfoliação eletroquímica fácil para produzir rGO [10], [11].

A novidade desta investigação é a baixa temperatura de tratamento térmico ($100°$ C) do rGO, que não perturbou os componentes químicos fundamentais da camada de ZnO que contribuem para a condutividade do tipo p e n da camada seguinte. O dispositivo foi avaliado para o hidrogénio (100-10 000 ppm) após a integração do n-ZnO com o p-rGO e verificou-se que a magnitude máxima da resposta (RM=586,93%) com o tempo de resposta mais rápido (17,02 s) e o tempo de recuperação (27,06 s) foram alcançados a 100 ppm de H_2 . A Tabela 4.1 enumera todos os trabalhos anteriores relevantes com todos os detalhes necessários.

4.2   Fabrico de dispositivos

4.2.1   Síntese de nanobastões de ZnO

"As camadas de semente de ZnO foram criadas através da reação de acetato de zinco di-hidratado (Merck, 99,9%), 2,74 gm, e 2 propanol (2-ME, 99,8%) (50 ml) com revestimento típico de spin sol-gel. Após a mistura, adicionou-se 1,5 ml de dietilamina, gota a gota, como estabilizador, para obter uma solução cristalina, que foi depois envelhecida durante 24 horas. As NRs de ZnO foram fabricadas preparando uma solução de 50 ml de acetato de zinco di-hidratado e HMT [hexametilenotetramina [(CH2)6N4, Alfa Aesar, Alemanha)] em água desionizada (resistividade 18,2 M -cm) numa proporção de 1:3. O substrato revestido com sol-gel foi então imerso horizontalmente na solução e seco durante 1 hora num forno a 100° C" [8], [9].

Quadro 4.1

Conforme relatado por autores anteriores, os principais parâmetros foram medidos com sensores de gás baseados no nanohíbrido rGO-ZnO.

Nano Estrutura híbrida	Gás alvo	Funcionamento Temperatura (°C)	Gás de teste Conc. (ppm)	Resposta/Sensibilidade	Resposta/Recuperação tempo (s)	Ref.
GO- ZnO MWs	H_2	RT	1000	-	114 /30	[1]
rGO/ AZO	H_2	RT	40 sccm	$((R-R_0)/R_0)100 = 100\%$	-/-	[2]
rGO/ TiO$_2$ NTs	H_2	200 (100-300)	480	$\frac{G_{gas} - G/_o}{G_o} = 37.6$	1110/<300	[3]
ZnO/ rGO NPs	H_2	250	500	$((G_g - G_a)/G)_a 100= 30\%$	-/-	[5]
rGO/ZnO/Pt	-	100	400	$((R -R)_{ag}/R_a)100 = 99\%$	12/412	[6]
ZnO NRs/	H_2	RT	100	$((R_0 - R_g)/R_0)100= 586.3\%$	17.02/ 27.06	Presente

rGO						trabalh o

4.2.2 Síntese de rGO

O processo de esfoliação eletroquímica assistida por líquido orgânico foi utilizado para produzir rGO, conforme detalhado nas nossas publicações anteriores [10], [11]. "As nanofolhas de rGO produzidas são dissolvidas num solvente polar aprótico (1mg/ml) dimetilformamida e soluções de gotículas de 10 µL de nanofolhas de rGO dissolvidas foram lançadas sobre os NRs de ZnO usando a técnica de micropipeta. Foram feitas quatro amostras e recozidas durante uma hora a 100 °C. A evaporação por feixe de electrões foi utilizada para depositar eléctrodos de contacto Pd-Ag (70%) e, em seguida, foram utilizados fios de cobre finos para remover o contacto.

Num sistema de deteção de gás com 40% de HR, foram examinadas as caraterísticas de deteção do dispositivo perto de H_2 , comparáveis às descritas em" [11]. A relação fornecida abaixo foi utilizada para calcular a magnitude da resposta (RM) [9].

$$RM= [(R_0 - R_g)/R_0] * 100 \qquad (1)$$

Rg representa a resistência do sensor no gás-alvo (H_2), enquanto R_0 representa a resistência do sensor no ar. O tempo necessário para atingir 90% da resposta de saturação é designado por tempo de resposta.

4.3 Resultados e discussão

4.3.1 Caracterização morfológica e estrutural

4.3.1.1 FESEM e análise de difração de raios X (XRD)

A construção do dispositivo é mostrada na Fig. 4.1(a). As Figuras 4.1(b) e (c) mostram as imagens FESEM equivalentes da superfície superior do dispositivo, enquanto a Figura 4.1(d) mostra o XRD do mesmo. O diâmetro do ZnO NR foi determinado como estando entre 40 e 70 nm. Um pico forte e nítido a 26,25°, bem como valores 2θ a 31,94°, 35°, 36,35°, 40,6°, 44,75° e 47,45° de ZnO com a orientação preferencial mais forte (002) do eixo c, sugerem uma estrutura bem ordenada de grafeno.

"O padrão XRD da estrutura nanohíbrida ZnO NRs-rGO é quase idêntico ao padrão XRD de rGO e ZnO NRs limpos" [12].

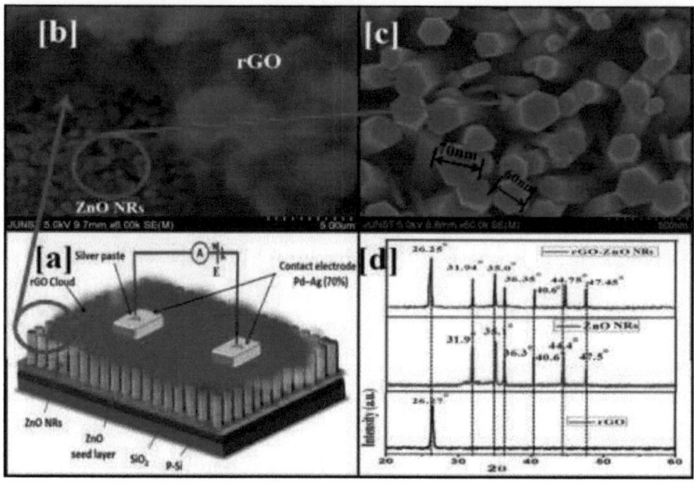

Fig. 4.1 (a) Esquema do sensor de gás H_2 baseado em ZnO NRs-rGO, (b) investigação FESEM da junção nanohíbrida ZnO NRs-rGO, (c) análise FESEM de ZnO NRs (d) estudo XRD de ZnO NRs-rGO, ZnO NRs e rGO.

4.3.2 Caracterização ótica

4.3.2.1 Espectroscopia RAMAN e análise XPS

"Os picos fortes da banda D a 1354,4 cm^{-1} e da banda G a 1583,9 cm^{-1} podem ser vistos nos espectros Raman [ver Fig. 4.2(a)] e os detalhes sobre a banda 2-D a 2711 cm^{-1} podem ser encontrados noutro local" [13]. Além disso, foram descobertos picos de 110, 432,1 e 563 em ZnO NRs e 109,8, 432 e 562,3 na estrutura ZnO NRs-rGO. Os espectros Raman do nanohíbrido ZnO NRs-rGO são aqui apresentados, os quais são muito semelhantes aos espectros Raman de ZnO NRs e rGO pristinos. Esta observação provou que a adição de rGO não tem qualquer efeito nas propriedades estruturais das NRs de ZnO.

O espetro XPS completo de rGO - ZnO NRs revelou picos de C e Zn. "A presença de estados de óxido distintos de picos de zinco foi descoberta com energias de ligação de 1022,84 eV (para $Zn2p_{3/2}$) e 1045,13 eV (para $Zn2p_{1/2}$), e a ligação de átomos de carbono (C-C/C = C, a 284,75 eV), (C-C, a 285,06 eV), e carbonilo (C = O, a 289,05 eV) foi confirmada pelos espectros XPS apresentados na Fig. 4.2(b)" [14].

4.3.3 Caracterização eléctrica

4.3.3.1 Caraterísticas I-V

A Figura 4.2 (c) mostra as caraterísticas I-V de 1000 SCCM ar e 100 ppm H_2 combinadas com 1000 SCCM ar. A caraterística I-V do dispositivo (5,0 V) confirma o desenvolvimento da heterojunção.

Na ausência de gases, as curvas I-V do dispositivo recozido a 100 °C não rectificam, o que indica que a resistência do dispositivo é demasiado elevada, impedindo a recombinação de portadores de carga na junção. Na presença de gás H_2 , no entanto, o mesmo dispositivo apresentou condutividade de retificação devido a um potencial de barreira reduzido em condições de polarização direta [15]. A Tabela 4.2 apresenta os valores do rácio de retificação (RR) para várias condições e configurações de polarização, "revelando que a 2 V, o RR é 2,33, o que é consistente com o valor indicado" [15].

Quadro 4.2

O rácio de retificação (RR) dos dispositivos de heterojunção n-ZnO NRs /p-rGO foi calculado em várias situações (H2, ar)

Voltage m ($\pm$V)	0.5	1.0	1.5	2.0	2.5	3.0	3.5	4.0	4.5	5.0
H_2	1.6	2.0	2.15	2.33	2.2	2.1	2.0	2.0	1.9	1.7
Ar	1.0	1.1	1.1	1.1	1.1	1.1	1.1	1.1	1.1	1.1

4.3.4 Análise de transientes

A magnitude da resposta à rotação repetitiva (RM) dos sensores n-ZnO NRs/p-rGO H_2 à temperatura ambiente com cinco concentrações diferentes de gás H_2 é ilustrada na Fig. 4.2. (d). Com concentrações de gás H_2 de 100 ppm e 10.000 ppm, o sensor teve uma RM de 586,93% e 960,3%, respetivamente.

4.3.5 Estudo da resposta do sensor e do tempo de recuperação

Como se mostra na Fig. 4.3 (a), os tempos de recuperação e resposta mais rápidos foram 30,04/17,1 s e 27,06 /17,02 s para 10.000 ppm e 100 ppm de H_2 , correspondentemente, como indicado na Tabela 4.1. Os desvios-padrão para cada ponto de dados são indicados por barras de erro [11].

4.3.6 Estudo da humidade

Também foram realizados testes de humidade relativa (HR), tendo-se verificado que o aumento da percentagem de humidade relativa para "80" reduz a magnitude da resposta (559,9% como medida) devido ao facto de

o máximo das superfícies de adsorção estarem fechadas pelo grupo "-OH",
o que reduz as reacções globais dos planos.

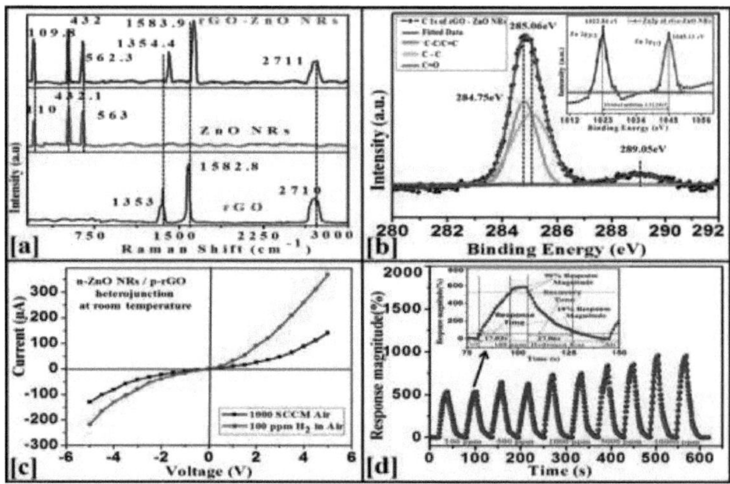

Fig. 4.2(a) Espectro Raman de ZnO NRs-rGO, ZnO NRs e rGO (b) Espectroscopia XPS de ZnO NRs-rGO (a inserção mostra os picos de Zinco), (c) À temperatura ambiente, as propriedades I-V de ZnO NRs-rGO (d) À temperatura ambiente, as propriedades de resposta transitória de ZnO NRs-rGO, (A 100 ppm H_2 numa escala ampliada a resposta dinâmica é mostrada em conjunto).

4.3.7 Estudo da temperatura de funcionamento

A temperatura óptima de funcionamento da heterojunção ZnO NRs - rGO foi estudada e mostrada na Figura 4.3. (b). À temperatura ambiente, a resposta do sensor foi optimizada, tendo sido encontrada uma medida de 960,3% em relação a 10.000 ppm H_2 , que pode deteriorar-se com o aumento da temperatura. O impacto conjunto de ZnO NRs e rGO é considerado o mais perfeito, com a temperatura de trabalho mais baixa e a capacidade de resposta máxima [11].

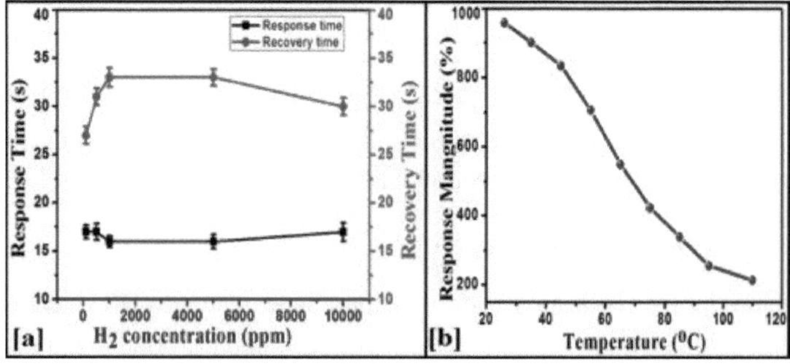

4.3.8 Mecanismo de deteção de gás

4.3.8.1 Diagrama de bandas de energia da heterojunção n-ZnO e p-rGO

A Fig. 4.4 (a) e (b) mostra a construção de uma heterojunção de p-rGO/n-ZnO, com contacto anterior e posterior (no ar e na presença de H_2).

O modelo fundamental do comportamento de deteção de gás a 40% RH (atmosférico) é mostrado na Fig. 4.4 (a), que pode ser desenvolvido usando a "teoria de transferência de carga de heterojunção" [11]. Como se pode ver na Fig. 4.4(c), é prática comum declarar que as NRs de ZnO têm uma função de trabalho mais pequena do que as de rGO, uma vez que os portadores de carga se difundem sobre a interface em direcções opostas, provocando a flexão da banda e o achatamento do nível de Fermi.

Um forte campo eletrostático é formado através da heterojunção que pode dispersar as partículas selecionadas e assim reduzir a energia de desencadeamento necessária para a adsorção e dessorção da partícula de gás selecionada, reposicionando-a para um sensor de gás de temperatura ambiente perfeito.

Cada face das NR de ZnO orientadas para o eixo c hexagonal tem uma área de superfície maior que pode proporcionar uma face ativa maior para interações entre o ZnO e o gás alvo, bem como gerar uma ligação pendente para adsorver oxigénio extra, o que mantém viva a possibilidade de uma reação entre o H_2 e o oxigénio adsorvido na superfície.

Isto implica que a área de superfície da camada de deteção, que é responsável pela resposta do sensor, não é muito reduzida pela humidade do ar.

Além disso, as nanofolhas de rGO uniformemente dispersas servem de ligação entre NRs de ZnO adjacentes, "resultando num dispositivo com um tempo de resposta e recuperação incrivelmente rápido quando comparado com outros" [3]. A existência de uma nuvem de rGO também proporciona uma superfície energética extra (como as vacâncias de carbono ligadas a sp^2 e os grupos funcionais de oxigénio) para uma melhor adsorção dos gases selecionados (H_2), resultando numa maior sensibilidade do sensor. De acordo com a estrutura de banda de energia na Fig. 4.4(c), "a heterojunção ZnO-rGO pode ser classificada como uma junção Schottky de metal-semicondutor com $\Phi_m > \Phi_s$, onde o ZnO funciona como um semicondutor e o rGO comporta-se como um metal" [7].

De acordo com a hipótese, quando $\Phi_s < \Phi m$ o metal recebe electrões do semicondutor e se trata de um semicondutor do tipo n, o semicondutor está deplecionado. Quando é aplicada uma polarização externa, na junção do semicondutor, existe uma área de depleção e, à semelhança de uma junção p-n, obtemos um comportamento semelhante ao de um díodo. Um contacto retificador, também conhecido como contacto Schottky, é uma situação deste tipo. Como resultado, como se pode ver na Fig. 4.4, a camada de depleção penetra principalmente no lado do semicondutor (Wn >> Wp) (c).

Quando as moléculas de O_2 se adsorvem nas superfícies de óxido metálico, retiram electrões da banda de condução e aprisionam-nos sob a forma de iões na superfície. Quando a amostra é exposta a H_2 , são produzidos iões H^+ como resultado da dissociação de H_2 na existência de um poderoso campo elétrico no limite da heteroestrutura. Estes iões O^- reagem então com os iões H^+ para produzir partículas $H_2 O$, reduzindo o número de iões O^- da superfície e diminuindo a espessura da camada de carga espacial. Como resultado, as propriedades de deteção do tipo n são observadas nos nanobastões de ZnO. Por outro lado, como o rGO sintetizado é do tipo p, os NRs rGO-ZnO demonstraram propriedades de deteção do tipo p (com um ambiente de gás redutor, a resistência do sensor aumenta) [11], [14].

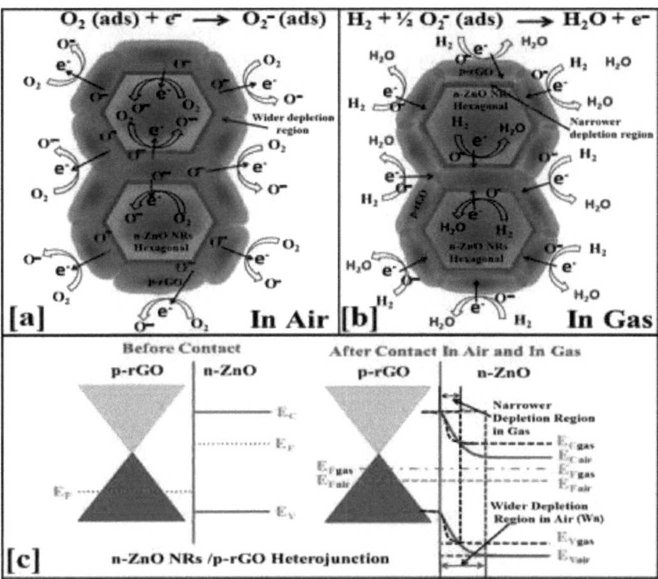

Fig. 4.4 Região de depleção de ZnO NRs e rGO (a) no ar e (b) no gás e (c) diagrama de bandas de energia da heterojunção n-ZnO e p-rGO (com exposição ao ar e H_2)

De acordo com os resultados, a estrutura de seis faces apresenta uma maior sensibilidade, bem como o facto de o nanohíbrido proporcionar um benefício adicional sob a forma da ligação gerada pelas nanofolhas de rGO. Como as adsorções são mais fracas em concentrações mais baixas, devido à falta de electrões livres, a resposta do sensor é reduzida e a camada de rGO torna-se menos eficaz. No entanto, a concentrações mais elevadas, a cobertura de H_2 é significativamente maior e a sensibilidade é controlada em conjunto pelos revestimentos de ZnO NRs e rGO.

4.4 Conclusão

Este é o primeiro relatório sobre uma síntese simples, à temperatura ambiente, de um nanohíbrido ZnO NRs-rGO como um promissor dispositivo sensor de gás H_2 . O RM do sensor pode ser elevado devido ao grande número de locais de interação de gás proporcionados pelas NRs de ZnO e pelas nuvens de rGO. Por outro lado, as nuvens de rGO uniformemente distribuídas funcionam como uma ligação eficiente entre os nanotubos circundantes, resultando em tempos de resposta e recuperação extraordinariamente rápidos (devido à mobilidade excessiva dos portadores de rGO). Além disso, como o processo ocorre numa superfície 2-D de rGO, a cinética de adsorção-dessorção das espécies-alvo torna-se mais rápida (nuvens). Esta hibridação colaborativa de dois componentes de deteção prováveis (rGO e ZnO NRs) abre caminho a sistemas nanohíbridos de deteção de gás de geração futura com um desempenho significativamente melhor.

Referências

[1] Rasch, F., Postica, V., Schütt, F., Mishra, Y. K., Nia, A. S., Lohe, M. R., Lupan, O. (2020). Sensor de gás hidrogênio baseado em óxido de metal altamente seletivo e de consumo de energia ultrabaixo empregando óxido de grafeno como peneira molecular. Sensores e Atuadores B: Químico, 128363. doi: 10.1016 / j.snb.2020.128363

[2] Tabares, G., Redondo-Cubero, A., Vazquez, L., Revenga, M., Cortijo-Campos, S., Lorenzo, E., Pau, J. L. Uma via para detetar H_2 em condições ambientais utilizando um sensor baseado em óxido de grafeno reduzido. Sensores e Atuadores A: Físico, 304 111884. doi: 10.1016 / j.sna.2020.111884

[3] Galstyan, V., Ponzoni, A., Kholmanov, I., Natile, M. M., Comini, E., Nematov, S., &Sberveglieri, G. (2018). Composto de nanotubo de óxido de grafeno reduzido-TiO2: Estudo abrangente para aplicações de deteção de gás ", ACS Applied Nano Materials. doi: 10.1021 / acsanm.8b01924

[4] Ma, J., Zhang, M., Dong, L., Sun, Y., Su, Y., Xue, Z., & Di, Z. (2019). Sensor de gás baseado em grafeno defeituoso / híbrido de grafeno primitivo para deteção de alta sensibilidade de NO2. AIP Advances, 9(7), 075207.doi:10.1063/1.5099511

[5] Galstyan, V., Comini, E., Kholmanov, I., Faglia, G., &Sberveglieri, G.," Reduced graphene oxide/ZnO nanocomposite for application in chemical gas sensors, RSC Advances, 6(41), 34225-34232. doi:10.1039/c6ra01913g

[6]   Drmosh, Q. A., Yamani, Z. H., Hendi, A. H., Gondal, M. A., Moqbel, R. A.,Saleh, T. A., & Khan, M. Y., "Uma nova abordagem para fabricar um sistema ternário rGO/ZnO/Pt para sensor de hidrogénio de alto desempenho a baixas temperaturas de funcionamento", Applied Surface Science, vol. 464, pp 616-626, doi:10.1016/j.apsusc.2018.09.128

[7]   Acharyya, D., & Bhattacharyya, P., "Sensor de gás de temperatura ambiente altamente eficiente baseado em TiO_2 Dispositivo híbrido de óxido de grafeno reduzido por nanotubos.", IEEE Electron Device Letters, 37(5), 656-659. doi:10.1109/led.2016.2544954, 2016.

[8]   Banerjee, N., Roy, S., Sarkar, C. K., & Bhattacharyya, P. (2013). Sensor de metanol de alta faixa dinâmica baseado em nanobastões de ZnO alinhados. IEEE Sensors Journal, 13(5), 1669-1676. doi:10.1109/jsen.2013.2237822

[9]   Maji, S., Bhattacharyya, P., Sengupta, A., e Saha, H.Growth and Characterization of Nano-Cups, Flowers and Nanorods of ZnO by Chemical Bath Deposition, Adv. Sci. Lett., vol. 3, no. 2, pp. 154-160,doi: 10.1166/asl.2010.1102

[10]   Das, S., Ghosh, C. K., Sarkar, C. K., & Roy, S. (2018). Síntese fácil de grafeno multicamadas por esfoliação eletroquímica usando solvente orgânico, revisões de nanotecnologia, 0 (0). doi: 10.1515 / ntrev-2018-0094

[11]   Das, S., Roy, S., Bhattacharya, T. S., & Sarkar, C. K. (2020). Sensor de gás hidrogênio eficiente à temperatura ambiente usando nanohíbrido de óxido de grafeno reduzido com nanopartículas de ZnO. IEEE Sensors Journal, vol.21, no.2, pp.1264-1272, doi:10.1109/jscn.2020.3020755

[12]   Clarina, T., & Rama, V. (2017). Cicloadição promovida por nanopartículas de óxido de zinco ancoradas em óxido de grafeno reduzido usando solvente verde. Sintético, Comunicações, vol. 48 (2), pp. 175187. doi: 10.1080 / 00397911.2017.1393086

[13]   Pandiyarajan, T., Mangalaraja, R. V., Karthikeyan, B., Mansilla, H. D., & Gracia-Pinilla, M. A. (2017). Investigação espectroscópica em rGO: nanoestruturas de compósitos de ZnO. Tendências recentes em ciência e aplicações de materiais, 63-69. Doi: 10.1007/978-3-319-44890-9_7

[14] Acharyya, D., Saini, A., & Bhattacharyya, P. (2018). Influência do revestimento rGO na melhoria da sensibilidade e seletividade do sensor de álcool baseado em flores de ZnO Nano. Jornal de Sensores IEEE, 18(5), 1820-1827. doi:10.1109/jsen.2018.2790084

[15] Chen, X., Guo, H., Wang, T., Lu, M., & Wang, T. (2016). Fabricação in-situ de óxido de grafeno reduzido (rGO) / ZnO hetero estrutura: grupos funcionais de superfície induziram propriedades elétricas. Electrochimica Ata, 196, 558-564. doi:10.1016/j.electacta.2016.02.201

Apêndice

Apêndice 1.1 Propriedades estruturais, térmicas, eléctricas e ópticas do ZnO

Propriedades estruturais e térmicas do ZnO		
Estrutura cristalina	Wurtzite (hexagonal)[1] (Outras fases estáveis sob alta pressão ou condições de crescimento metaestáveis)	
Densidade (gm/cm3)	5.606 [2]; 5.692 [3]; 5.7 [4]	
Constantes de rede (A°)	C=	5.205 [5]
	A=	3.250 [5]
Condutividade térmica (W/cm-K)	0.13 [4]; 1.0-1.2 [6] (A variação nas medições é provavelmente devida a efeitos de superfície)	
Coeficientes de Expansão Térmica Linear	αc=	3,02x10-6 ± 1% [7] a 300K
	αa=	6,51x10-6 ± 1% [7] a 300K
Módulos elásticos (GPa)	C11=	190 [8]; 207[9]; 209.7[10]
	C12=	110 [8]; 117.7[9]; 121.1[10]
	C44=	39.0 [8]; 44.8[9]; 42.47[10]
	C33=	196 [8]; 209.5[9]; 210.9[10]
	C13=	90 [8]; 106.1[9]; 105.1[10]
	C66=	40 [8]; 44.6[9]; 44.29[10]
Módulo de massa (GPa)	142.6[11]; 183[12]	

Propriedades eléctricas do ZnO			
Campo de decomposição	(Esperar>1MV/cm devido ao intervalo de banda)		
Mobilidade dos electrões (cm2/V-s)	Teoria calculada: 300 [13]	Medição A granel: 205 [14]	Medição Filme: 115-155 [15]
Mobilidade dos orifícios (cm2/V-s)	Atualmente, os valores variam muito, mas os valores próximos ou inferiores a 10cm2/V-s são considerados razoáveis [16] 2 [16]; 12 [17]; 23 [18]		
Massa efectiva do eletrão	0,24 (Hall) [3, 19]		
Massa efectiva do furo	0,59(Hall) [19]		
Propriedades ópticas do ZnO			
Intervalo de banda (eV)	T ambiente: ~3,3 a 300K [20]	Baixa T:3,437 a 2K [1]	
Parâmetros Varshni	α=	0,8meV/K[3]	

	β=	-----
Índices de refração	n=	2,008 (IR) [2]
	n=	2,029 (IR) [2]
Constantes dieléctricas relativas (medido a granel)	Estático	E=7.65 [21]	EII=8,5 [21]
	Ótica	E=3.70 [21]	EII=3,7 [21]

Apêndice 1.2 Propriedades físicas e materiais do grafeno para deteção

Propriedades de deteção do grafeno	
Propriedades	Valor específico
Mobilidade do eletrão	>15.000 cm V^{2-1} s^{-1} [22]
Densidade do transportador	10^{13} cm^{-2} [22]
Condutividade térmica	$(4,84 \pm 0,44) \times 10^3$ a $(5,30 \pm 0,48) \times 10^3$ W m^{-1} k^{-1} [22]
Deslocação elástica 2D	340 N m^{-1} [22]
Módulo de Young	1 Tpa [22]
Resistência à rutura	42 N m^{-1} [22]
Tensão de rutura	25% [22]
Espectro do pico de absorção ótica	270 nm [22]
Densidade 2D	$7,4 \times 10$-19 kgµm^{-2} [22]
Área/unidade de massa	2600 m g$^{2-1}$ [22]

Propriedades físicas e materiais do grafeno	
Propriedades	Parâmetros
química de base [a]	C: $(1s)^2 (2s)^2 (2p)^2$ [23]
estrutura de treliça	rede em favo de mel [23]
constante da rede	a=1,42 Å [23]
Espaçamento interplanar	3.37 Å[23]
mobilidade esfoliado suspenso	1,0 -1,5 $\times 10^4$ cm^2 /V.seg [24,25] 10^6 cm^2 /V.seg [26]
efeitos Hall quânticos grafeno [b] bicamada [c]	$\sigma_{xy} = \pm 4(N + 1/2\ )e^2$ /h [24,25] $\sigma_{xy} = \pm 4Ne^2$ /h [25]
condutividade térmica	$4,84 \pm 0,44 \times 10^3$ W/m.K [27]
O TR de grafeno mais rápido	F_T =100GHz,GL=240-nm [28]
módulo de tração [d]	1 TPa [29]
Módulo de Young	0,5 TPa [30]
constante de mola(k)	$1 \sim 5$ N/m [30]

área de superfície específica	2630 m^2 /g [31]
transmitância ótica	97,74 % (E$_\gamma$ $\leq$**1,2eV**) [32]
Velocidade de Fermi	$V_F \simeq 1,1 \times 10^6$ **m/seg** [24]
Abertura da banda	Zero [23]
Densidade específica	2,26 g/cm^3 [24]
Resistividade	50μΩcm [23]

[a]sp^2 hibridação
[b]N= 0,1,2,...
[c]N= 1,2,3,...
[d]1Pa = 1N/m^2 ,1psi = 6,89 × 10 N/m^{32}

I want morebooks!

Buy your books fast and straightforward online - at one of world's fastest growing online book stores! Environmentally sound due to Print-on-Demand technologies.

Buy your books online at
www.morebooks.shop

Compre os seus livros mais rápido e diretamente na internet, em uma das livrarias on-line com o maior crescimento no mundo! Produção que protege o meio ambiente através das tecnologias de impressão sob demanda.

Compre os seus livros on-line em
www.morebooks.shop

Printed by Books on Demand GmbH, Norderstedt / Germany